国家管辖范围以外区域

海洋生物多样性问题研究

胡学东　郑苗壮◎编著

中国书籍出版社
China Book Press

图书在版编目（CIP）数据

国家管辖范围以外区域海洋生物多样性问题研究 / 胡学东, 郑苗壮编著.
-- 北京 : 中国书籍出版社, 2018.11

ISBN 978-7-5068-7088-7

Ⅰ. ①国… Ⅱ. ①胡… ②郑… Ⅲ. ①海洋生物—生物多样性—文集
Ⅳ. ①Q178.53-53

中国版本图书馆CIP数据核字 (2018) 第251615号

国家管辖范围以外区域海洋生物多样性问题研究

胡学东　郑苗壮　编著

责任编辑	李国永	
责任印制	孙马飞　马　芝	
封面设计	东方美迪	
出版发行	中国书籍出版社	
地　　址	北京市丰台区三路居路 97 号（邮编：100073）	
电　　话	(010) 52257143（总编室）　　　(010) 52257140（发行部）	
电子邮箱	eo@chinabp.com.cn	
经　　销	全国新华书店	
印　　厂	北京睿和名扬印刷有限公司	
开　　本	787毫米 × 1092毫米　1/16	
字　　数	196千字	
印　　张	13.75	
版　　次	2019 年 4 月第 1 版　2019 年 4 月第 1 次印刷	
书　　号	ISBN 978-7-5068-7088-7	
定　　价	42.00 元	

序言

　　国家管辖范围以外区域攸关各国的生存和发展空间，是当前各国竞相竞争的战略新疆域。根据《联合国海洋法公约》（以下简称《公约》）的规定，国家管辖范围以外区域在地理范围上包括公海和国际海底区域，占全球海洋面积的64%，是地球上最大的政治地理单元。

　　国家管辖范围以外区域具有重要的战略和经济价值，蕴藏着丰富的自然资源，钴、镍、铜、稀土等元素资源量远超陆地已知资源量，此外深海热液口、冷泉等生态系统，孕育着丰富而独特的生物资源，尤其是深海生物特殊的结构和代谢方式，具有极为重要的研究价值和应用潜力。同时，随着国际海底区域资源开采规章和国家管辖范围以外区域生物多样性养护和可持续利用（BBNJ）等一系列国际深海活动规章的加快制定，国家管辖范围以外区域治理体系酝酿复杂深刻变化，成为构建人类命运共同体的重要领域。经略好国家管辖外海域对于增加我国战略资源储备，培育深海采矿、深海生物基因等新兴产业，拓展国家活动空间，深度参与全球治理体系都具有重要意义。

　　国家管辖范围以外区域生物多样性养护和可持续利用（BBNJ）问题是目前国际社会最受关注的问题，也是当今国际海洋领域的热点问题，涵盖海洋遗传资源获取及其惠益分享、包括公海保护区在内的划区管理工具、海洋环境影响评价、能力建设和海洋技术转让，涉及科技、政策、法律、经济、军事等领域。由该问题而引出的BBNJ国际法律文件被视为是继《公约》鱼类种群协定和第十一部分执行协定之后的第三个重要的协定，必将对现有的国际海洋秩序产生重要影响。

　　BBNJ问题的讨论从2004年被正式纳入联合国议程，到2017年通过了向联合国大会提交的要素建议草案，经过13年的不懈努力，各方实现了BBNJ国际协定"框架上的共识"。在此基础上，联合国大会于2017年12

月通过决议,决定于2018年启动政府间大会就具体案文条款进行谈判和磋商,形成"案文上的共识",即制定对各国都具有法律约束力的国际协定。

中国高度重视BBNJ规则制定,积极参与了历次工作组会议、谈判预备委员会的工作。中国代表团积极参与BBNJ有关问题的讨论和磋商,发出中国声音,贡献中国智慧,在不少问题上发挥引领作用,有效扩大了我国在多边涉海议程中的话语权和影响力。中国代表团还两度以政府名义就国际文书草案要素提交书面意见,系统阐述我国对有关问题的立场主张和法律依据。有关意见不仅就纳入预备委员会主席汇总各方观点的非正式文件,而且受到多方援引和好评,对中国参与和引导会议进程发挥了重要作用。

随着中国特色社会主义进入新时代,中国已经成为快速发展的海洋大国。党的十九大报告中明确提出加快海洋强国建设,习近平总书记提出深海进入、深海探测、深海开发三部曲,我国面临向国家管辖外海域战略拓展的重大机遇期。如何在国际规则制定过程中体现中国话语权,提出与我海洋现实利益和战略发展相适应的中国方案,制定出切实可行的应对政策和措施是我国海洋领域当前面临的重要任务。

《国家管辖范围以外区域海洋生物多样性问题研究》是学东和苗壮同志多次参加BBNJ国际会议,长期从事公海生物资源诸多理论问题研究的心血和结晶。他们的研究成果对于深入了解BBNJ问题协定谈判的现状和发展趋势,准确把握有关国际规则、标准和规范,积极有效的参与国际海洋事务,制定符合中国国情的现代公海生物管理制度提供帮助,也为教学、科研、管理和立法等方面工作提供有益参考。

BBNJ协定谈判攸关海洋新资源和海洋活动空间等战略利益,牵动国际海洋秩序的调整和变革,不仅是海洋规则的变动,也是各国博弈的焦点,最终必将是国家利益的体现。深入研究BBNJ问题,切实做好BBNJ协定谈判工作,谋划国家管辖外海域空间规划治理,深度参与深海治理体系建设,既关乎海洋强国建设,也是时代需求和大国担当,不仅关于中华民族的伟大复兴,更是为全人类的和平发展事业做出贡献。

王曙光

编者按

　　根据《联合国海洋法公约》的规定，国家管辖范围以外区域在地理范围上包括公海和国际海底区域，但不包括南极条约体系规定的范围，占全球海洋面积的64%，攸关各国的生存和发展空间，是当前各国竞相竞争的战略新疆域。国家管辖范围以外区域海洋生物多样性（BBNJ）国际文书谈判是当前海洋法领域最重要的国际立法进程。该国际文书被视为《公约》第三个执行协定，涉及海洋遗传资源的获取和惠益分享、海洋保护区等划区管理工具、环境影响评价、能力建设和海洋技术转让等重要问题，攸关海洋新资源和海洋活动空间等战略利益，牵动国际海洋秩序的调整和变革，各国对文书谈判予以高度重视。

　　近年来，各国向国际海底管理局申请矿区的速度在加快，已有约20个国家的承包者在太平洋、大西洋和印度洋获得29个勘探区，包括多金属结核、多金属硫化物和富钴结壳。2012年国际海底管理局通过克拉里昂和克利伯顿管理计划，设立9块特别环境利益区，总面积144万平方千米，区域内禁止一切采矿活动以保护海洋生物多样性、生态系统结构和功能免受采矿活动的影响。联合国粮食和农业组织以及区域渔业管理组织和安排设立了一系列脆弱海洋生态系统，对深海底拖网采取关闭和临时关闭措施，限制渔业捕捞产量和作业范围，以保护冷水珊瑚、海山、热液喷口等深海生态系统免受公海渔业的影响。《生物多样性公约》秘书处共召集了14个区域的讲习班描述符合具有重要生态和生物学重要意义的海洋区域，包括国家管辖范围以外区域的有62处，其成果被国际社会认为是未来公海保护区选划的备选方案。

　　国内外学界和政府部门关于BBNJ问题的讨论由来已久，2004年该问题被正式纳入联合国议程，同年第59届联大专门设立BBNJ问题特设工作组，专门讨论和研究 BBNJ 养护和可持续利用问题。历经 11 年九次特设工作组会议的讨论磋商，各方就解决 BBNJ 问题达成了"认识上的共识"，即要"一揽子"解决公海保护区、海洋遗传资源、环境影响评价、能力建设和技术转让问题。2015 年 6 月 19 日通过 69/292 号决议，决定在《公约》框架下就 BBNJ 问题制订具有法律约束力的国际文书，并建立谈判预备委员会，就国际文书草案的要素进行讨论并向联大提出实质建议。预备委员会历时两年，先后举行四次会议，于 2017 年 7 月通过了向联大提交的要素建议草案，各方实现了 BBNJ 国际协定"框架上的共识"。在此基础上，联大于 2017 年 12 月 24 日通过第 72/249 号决议，决定于 2018 年启动政府间大会就具体案文条款进行谈判和磋商，形成"案文上的共识"，即制定对各国都具有法律约束力的国际协定。

中国作为快速发展的海洋大国，已经形成了大进大出"两头对外"的高度依赖海洋的开发开放格局。当前，中国海洋生物产业还处于起步阶段，相对宽松的制度环境有利于海洋遗传资源的获取、研究、开发和商业化利用，也有利于维护人类的共同利益。保护和保全海洋环境是世界各国应该履约的义务和承担的责任，中国开发和利用海洋的同时，在管辖内海域设立了 270 多处各种类型的海洋保护区，总面积超过 12 万平方千米。颁布了《海洋环境保护法》《环境影响评价法》等若干部法律，为保护海洋环境做出了卓著的贡献和努力。

为了帮助学界和管理部门及时了解 BBNJ 问题相关情况，推动相关研究不断深入，有关研究人员编写本书旨在反映阶段性研究成果。相信本书对于国内学者进一步研究 BBNJ 问题具有重要的参考价值。在此，谨对有关研究人员的努力和付出表示衷心感谢！

编者　王曙光

2018 年 5 月 2 日于北京

目 录
CONTENTS

国家管辖范围以外区域海洋生物
多样性问题国际协定谈判的基础问题与解决途径

胡学东，高岩，戴瑛

2017 年 3 月 26 日至 4 月 7 日，国家管辖范围以外区域海洋生物多样性（BBNJ）养护与可持续利用协定第三次预委会在美国纽约联合国总部举行。会议旨在《联合国海洋法公约》框架下，就 BBNJ 问题拟定相关草案要点，并向联大提出实质性建议。来自 100 多个成员国、政府和非政府组织参加了会议。

一、协定谈判的基础—联大 69/292 号决议

2015 年联大 69/292 号决议明确了 BBNJ 谈判的联大授权范围：谈判进程不应损害现有有关法律文件和框架以及相关的全球、区域和部门机构；谈判和谈判结果不可影响参加《公约》或任何其他相关协议的缔约国和非缔约国在这些文件中的法律地位；同时强调应以"协商一致"方式就实质性事项达成协议。该项决议明确了 BBNJ 是在《联合国海洋法公约》制度框架下的定位，这就意味着谈判必须符合《公约》的目的、宗旨、原则和精神，不能损害《公约》的完整性和微妙平衡，亦不能减损各国依《公约》享有的航行、科研、捕鱼等方面的权利和义务。

BBNJ 协定讨论问题的地理外延是相对清楚的，除部分海域的外大陆架仍有待联合国大陆架界限委员会明确外，国家管辖范围以外区域在地理上就是公海和国际海底区域（《公约》规定的"区域"）。地理外延明确了，那么 BBNJ 协定的管理对象成为谈判的核心问题，这一问题的讨论也构成了全面达成共识的基础。

联大 69/292 号决议本质上主要是对 BBNJ 的管理范围做出了相当严格的限定。强调"特别是作为一个整体的全部海洋遗传资源的养护和可持续利用"，把遗传资源确定为协定讨论的核心。海洋遗传资源当然包括鱼类种群，但现有的全球性、区域和分区域渔业组织的协定、机制或安排已经基本覆盖了全球的主要渔业活动。如果不加以厘清，必然会产生两者在管辖对象上的重叠与冲突。认识到以上问题，BBNJ 第二次预委会提出了新的"主席问题清单"，包括海洋遗传资源及其惠益分享、划区管理工具及海洋保护区、环境影响评价、能力建设及技术转让以及跨领域问题。谈判力图将管理对象议题逐渐聚焦在海洋生物遗传资源上。这是相当理智的选择。因为《公约》在海洋生物遗传资源上没有做出明确的规定，新协定应当作为对《公约》的补充和完善，以填补这一空白，这也是 BBNJ 谈判能够顺利推进的基础。然而，在本次会议上这一共识受到了挑战，管理对象是否应包括鱼类这一问题在本次谈判中凸显，谈判基础产生了动摇。经过激烈讨论，多数国家认同海洋遗传资源相关术语的定义要与《公约》及其《关于执行〈联合国海洋法公约〉有关养护和管理跨界鱼类种群和高度洄游鱼类种群规定的协定》保持一致，应区分作为商业和作为海洋遗传资源的鱼类。但问题并没有得到根本解决。

二、中国的原则立场

在本次预委会上，中国和 77 国集团就海洋生物遗传资源、包括公海保护区在内的划区管理工具、环境影响评价、能力建设与技术转让、跨领域等问题提出了联合提案；同时，中国又就一些关键问题作出了说明和澄清。总体来说，中国的立场客观、中立且具有现实性，强调 BBNJ 应在养护与可持续利用之间保持合理平衡，制度设计和安排应具有充分的法律依据、坚实的科学基础和符合客观实际需要，要有利于增加人类对海洋生物多样性的认知，鼓励创新，激励而不是阻碍海洋科学研究。

中国认为，BBNJ 协定应兼顾各方利益和关切，立足于国际社会和绝大多数国家的利益和需求，特别是要顾及广大发展中国家的利益；协定应同时兼顾养护与可持续利用，不应给各国增加不切实际的负担；预委会提交的联大建议，应尽最大努力在协调一致的基础上反映各方共识；中国愿在维护现有国际海洋秩序的基础上，与各国一道共同推进 BBNJ 国际新规则的制定，促进养护和可持续利用BBNJ目标的实现。

总之，中国在管理对象、遗传资源惠益分享、人类共同继承财产与知识产权保护、划区管理工具包括海洋保护区、环境影响评价等争议激烈的问题上持有相当灵活和开放的立场。

三、南非提案，一线生机

在3月27日的全体大会上，南非向大会提交了新提案，指出联大69/292决议已经限定了BBNJ管理对象的范围，实际上联合国粮农组织、全球各区域、分区域渔业组织已经对属于生物资源的鱼类实施了有效管理；国际海底管理局也对国际海底区域的矿产资源的勘探开发制定了完善的管理规章。那么留给BBNJ协定适用对象的空间就显得极为有限。会议既然选择了海洋遗传资源作为主要适用对象，那么就必须做出选择，是坚持《公约》确定的公海上覆水体"捕鱼自由原则"，还是认为海洋生物遗产资源应适用《公约》对国际海底矿产资源确定的"人类共同继承财产原则"，抑或是与会各方提出区别于以上原则的新方向。明确这一点是会议达成共识、继续向前推进的前提。该提案得到了相当多的国家和国际组织的积极回应，但遗憾的是，由于此议题时间安排有限，大会没有对此提案展开充分讨论。

从随后的其他平行问题的讨论中我们深切地感触到，在基础问题没有解决前，深入地讨论其他问题，将会造成多么尖锐的矛盾和巨大的混乱。例如，《公约》并没有对海洋遗传资源的权利属性作出规定，"人类共同继承财产"并不包含海洋遗传资源，那么其他非开发国有什么法律依据要分享惠益甚至是知识产权呢？海洋遗传资源无非是通过渔业活动或海洋科研活动获取，而这两类活动在《公约》中都有明确的原则规定，在公海上是自由的，那么我们有什么理由和依据对这类活动设定准入和加以限制，甚至要对遗传资源的获取收费和分享惠益呢？在讨论到海洋保护区的设定时更是如此，意见的纷杂直接动摇了联大69/292决议。新协定的目标毫无疑义是养护海洋生物的多样性，但如何处理与现存的其他国际组织已经建立的海洋保护区间的关系？养护生物多样性与BBNJ聚焦遗传资源的共识间的差别如何在设定和管理保护区中体现？包括环境评价等其他问题的讨论，都显得各方在各说各话，共识推进步履维艰。

四、原则立场尖锐冲突，矛盾难以调解

即便有前两次预委会谈判的基础，但本次会议谈判进程显得更加剑拔弩张。虽然，BBNJ 谈判在管理对象问题上逐步聚焦在海洋遗传资源，但由于缺乏深入全面的讨论和达成广泛一致的共识，在一些平行问题讨论中，如遗传资源的获取与惠益分享、海洋保护区的管理模式、海洋环境影响评价的决策与监督等，各国、各国际组织立场尖锐冲突，矛盾难以调和。

1. 海洋遗传资源及惠益分享的原则及分享方式

本议题在谈判中矛盾最为突出，77 国集团、非洲集团、小岛屿国家联盟、太平洋岛国、加勒比共同体和内陆发展中国家等形成"惠益共享派"，坚持 BBNJ 管辖海域海洋遗传资源应适用"人类共同继承遗产"原则，进而要求在获取、研究和开发的不同阶段分享惠益，并要求无偿获取包括衍生物在内的样本、数据和遗传序列信息。小岛屿发展中国家和拉美国家强调应对获取海洋遗传资源的活动建立全面监管和可追踪的管理制度。此外，"惠益分享派"主张建立国际信托基金，并将惠益分享与能力建设和海洋技术转让挂钩。

以欧盟、澳大利亚、新西兰等国及众多非政府国际组织为代表的"协调务实派"，建议谈判不应纠结于原则之争，应重点讨论具体制度安排。日本、俄罗斯等"海洋开发派"强调惠益分享仅限于非货币化，坚持信托基金应是自愿性质，并强调新协定不能阻碍海洋科学研究和技术创新。

2. 海洋保护区的管理模式

划区管理工具包括海洋保护区是欧盟为代表的"环保派"与美日俄为代表的"利用派"争论的焦点。其中，分歧主要体现在管理机制方面。

谈判过程中形成全球模式、区域模式及混合模式三种管理机制，三种模式的关键区别在于谁掌握划区管理的决策权。全球模式主张建立一个全球机构进行统一管理和决策。其优势在于统一规划管理，有利于全球海洋综合治理，但一些问题如如何处理与现有区域组织的关系则难以解决。区域模式强调区域主体的决策权，不需要全球层面的监管，要发挥区域组织的作用并利用其已有经验。但这种模式基本是在维持现状，国际社会参与度低、碎片化的缺陷已呈现，也不适应全球一体化的发展趋势。混合模式主张通过加强区域合作机制，同时提供全球指导和监管。这一框架有利于

统一标准和指南的制定与推行，也利于发挥区域组织作用。但作为一种折衷的作法，混合模式的效力难以保证，全球框架与区域组织之间的关系也很难理顺。

3. 环境影响评价的决策与监督

环境影响评价议题以联大 69/292 号文件为出发点，主要讨论了开展环评的地理范围、启动环评的门槛、标准、原则及需要开展环评的活动类型等具体要素。多数国家认为《公约》206 条是启动海洋环境影响评价的门槛，不包括发生在国家管辖内但影响管辖外海域的活动，也不能损害现有国际组织已经作出的环评规定。

环境影响评价活动的决策主体问题是争论的热点。新西兰、欧盟、挪威等国认为，环评应由活动的运营方开展。多数发展中国家和国际组织主张成立一个全球化国际环境评估机构，但俄罗斯代表提出明确反对意见，认为中央化机构会效力低下，甚至会造成项目的冻结。我国代表团赞同这一观点，认为程序应便于操作，不应造成负担。同时，我国代表团、美国、欧盟、新加坡、日本都强调了国家在开展环评活动中的主体地位。

欧盟主张环境影响评价是各国保护海洋环境的一般义务；强调各国在制定海洋政策、规划方案和开发项目之前，就可能产生的不利影响要根据共同商定的标准开展环境影响评价和战略环境影响评价。欧盟还提出开展环境影响评价和战略环境影响评价的指南，包括阈值、范围、类型、报告、执行和遵约等内容。

10 天的会议，几乎没有达成一项有价值的共识，似乎为 BBNJ 谈判的前景蒙上了一层阴影。

五、解决问题的可能途径

如前所述，联大 69/292 号决议明确了 BBNJ 谈判的联大授权范围，是 BBNJ 协定谈判的基础。但是如果严格按照这一决议的限定进行讨论，必将难以达成具有法律意义上的、全新的国际法律文件。当然就部分已经达成的非原则共识发表不具有任何法律约束力的政治文件、声明或是行动指南也是解决问题的几种可能。

我们认为，真正解决 BBNJ 问题必然面临着对《公约》的补充、完善甚至是突破。实际上，《关于执行 1982 年 12 月 10 日《联合国海洋法公约》

第十一部分的协定》就已经在这一方面取得了突破，可以作为 BBNJ 协定谈判的样板。

首先是 BBNJ 协定根本目标的问题。到底是生物多样性养护和可持续利用，还是海洋生物遗传资源的获益与分享？从谈判进程可以看出，这两点虽然从表面上看并不矛盾，但海洋遗传资源的获益分享无疑已成为谈判中各国最为关注的实质性问题，这一点也是谈及"适用对象"和"资源"时所不可避免的。如果过于关注其中惠益，必然会导致资源养护和可持续利用的目标无法被贯彻，造成初始目标偏离。因此，明确并坚持协定的根本目标是保证谈判走向、最终取得谈判成果的首要条件。

其次是对"公海捕鱼自由原则"的修正问题和对"人类共同继承财产"范围的调整问题。《联合国海洋法公约》仅对"区域"矿产资源作出"人类共同继承财产"的规定，而对生物遗传资源的法律属性并未明确，这一点是导致谈判僵持于原则之争的根本原因。为解决这一矛盾并实现利益平衡，南非提案具有进一步讨论的意义。该提案可以推导为，将"人类共同继承财产"原则的适用范围调整扩大到"区域"范围内的国际海底的海洋生物遗传资源，而上覆水体部分包括其中的海洋生物仍然适用"公海自由"原则。同时，在具体制度设计中再做出适当安排。这或许能为发达国家与发展中国家之间达成妥协提供可能性。

第三是对 BBNJ 协定适用范围的进一步确认问题。作为综合性法律问题，BBNJ 协定适用范围的确定不应仅局限于生物学层面，而应在空间上、区域上予以明确。深海渔业可持续管理问题已在《1995 年鱼类种群协定》、《负责任渔业行为守则》、联大 46/215 号决议、《促进公海渔船遵守国际养护和管理措施的协定》等法律文件中做出安排。同时，联合国粮农组织、各区域、分区域国际渔业管理组织等已对公海海域实施了多年有效的管理。目前，就生物种群而言，只有国际海底区域的生物种群在管理上是空白。因此，BBNJ 协定的适用范围是否可以明确为国际海底区域的生物种群。此问题的明确可以规避谈判过程中关于生物资源与鱼类种群及区分不同目的捕鱼、处理区域渔业管理组织关系等诸多棘手问题，这有利于谈判进程的有效推进。

第四是统一全球区域和分区域渔业规则问题。随着全球一体化进程的不断加快，施行全球海洋统一治理的呼声越来越高，全球海洋资源与环境管理规则不断收紧已是大势所趋。当前全球的区域和分区域渔业组织和机制已经超过 20 个，基本覆盖了所有公海海域。这些组织和机制建立的基本原则、采取的管理措施大致相同，具有一定的统一基础。BBNJ 谈判如果能突破联大 69/292 号决议，充分协调现有渔业组织机制，建立统一的全球管理机制框架，这或许是 BBNJ 谈判另一条可行的道路。

BBNJ 问题是当今国际海洋领域最受关注的热点问题。2017 年 7 月份将是预委会的最后一次会议，如何在国际规则制定过程中体现中国话语权，提出与我海洋现实利益和战略发展相适应的中国方案，制定出切实可行的应对政策和措施是我国海洋领域当前面临的重要任务。

国家管辖范围以外区域
海洋生物多样性谈判预委会建议性文件点评

胡学东

国家管辖范围以外区域海洋生物多样性（BBNJ）问题国际文件谈判预委会第四次会议于 2017 年 7 月 10 至 7 月 21 日在纽约联合国总部召开，100 多个成员国、政府间和非政府组织参加了本次会议。根据联大 69/292 号决议和工作路线图要求，本次会议是预委会最后一次会议。会议经过激烈的讨论，在闭会的最后一刻，勉强向联大提交了 BBNJ 问题的最终建议性文件。现就这份引起国际海洋业界极大轰动的文件做简要评点。

一、取得的成就

预委会取得的最大成果就是在最后一次会议的最后关头，完成了联大 69/292 号决议布置的任务，向联大提交了 BBNJ 问题最终建议性文件。具体的成果可以归纳为以下几点。

（一）明确了 BBNJ 的总体目标。BBNJ 的总体目标就是要通过有效执行《联合国海洋法公约》（以下简称《公约》）以确保国家管辖范围以外区域海洋生物多样性的养护和可持续利用。实现这一目标需要加强在 BBNJ 养护和可持续利用方面广泛的国际合作与协调，特别是需要对发展中国家尤其是地理不利国、最不发达国家、内陆发展中国家和小岛屿国家以及非洲沿海国家的援助，以便它们可以积极有效地参与 BBNJ 的养护和可持续利用。会议认识到要实现这一目标需要建立全新、综合的全球制度来更好地解决保护和可持续利用 BBNJ 问题，而制定履行《公约》有关规定的国际协定将为实现这些目的和为维护国际和平与安全做出贡献，以确保实现

BBNJ 养护和可持续利用的总体目标。

（二）明确了 BBNJ 仍然是在《公约》法律框架下的法律安排。 会议重申了《公约》在养护和可持续利用海洋生物资源问题上的核心作用，以及实现 BBNJ 目标就必须尊重其他现有的相关国际法律规定和框架以及相关的全球、区域和部门性组织的作用的基本原则。

（三）明确了该法律制度适用的地理范围。BBNJ 的适用范围是在国家管辖范围以外的区域，即公海和国际海底区域，包括水体、海床、洋底和底土。沿海国在其国家管辖范围以内所有区域，包括 200 海里内外大陆架和专属经济区的权利和管辖权都应得到尊重。

（四）明确了 BBNJ 法律制度的适用对象和主要内容。文件明确了 BBNJ 的适用对象为国家管辖范围以外区域海洋生物的多样性养护和可持续利用。制度的主要内容包括海洋遗传资源及其惠益分享问题，包括海洋保护区在内的划区管理工具、环境影响评价、能力建设和海洋技术转让等内容。

（五）明确了 BBNJ 文件的一般原则和方法。建议性文件除明确了尊重沿海国家的主权和领土完整、为和平目的利用国家管辖以外区域的海洋生物多样性等一般性国际准则外，还特别规定了国际合作与协调、有关利益相关者的参与、生态系统方法、预防性方法、加强应对气候变化影响的能力、污染者付费原则、公众参与、对小岛屿发展中国家和最不发达国家的特殊安排、诚信原则等。

（六）明确了划区管理工具（包括公海保护区）以及保护区域的选划原则。强调划区应基于最佳科学信息、标准和准则，同时考虑生态过程以及社会经济等因素。此外还明确了设立划区管理工具（包括公海保护区）应包括的基本要素。规定在作出划区决定前应对设立保护区进行广泛咨询与科学评估。

（七）明确了必须对 BBNJ 相关活动进行环境影响评价的原则。在《公约》第 206 条基础上，明确了应对相关活动的潜在影响进行环评的义务。规定了开展环评的阈值、准则和程序性步骤，例如：筛选、确定评价范围、公众告知和咨询、公布决策文件以及审查和监测等。同时也明确了环评报告的具体内容要求。

二、遗留的问题

预委会提交的 BBNJ 问题最终建议性文件开创了一个新的模式，就是把会议中争论不休、矛盾难以调和的问题打包为 "B" 节，即为 "在制定具有法律约束力的国际文书草案的进程中需要特别注意的要素"，相当 "不负责任" 地将没有解决的问题一股脑推给了联合国大会。这就给今后联大的政府间谈判增加了诸多不确定因素。主要遗留的问题包括：

（一）关于人类共同继承遗产和公海自由问题，即 BBNJ 的适用原则问题。这是 BBNJ 问题面临的最大、最基本、最核心也是争论的焦点问题。这一问题得不到解决，其他问题无从谈起，而这么重要的问题恰恰被遗留下来。

（二）关于海洋遗传资源，包括利益分享问题。这些资源的法律属性如何定位？是否应规制海洋遗传资源的获取？应如何和分享何种惠益？是否要处理知识产权问题？以及是否应规定对 BBNJ 海洋遗传资源利用的监测等等，都没有明确的结论。

（三）关于包括公海保护区在内的划区管理工具等措施问题。划区最合适的决策过程和机构设置是什么（或者说是谁有最终决定权）？如何和怎样加强合作与协调（特别是资源获取方与邻近国家间），同时避免破坏现有法律规定和框架以及区域和／或行业机构的职责等等，也没有形成定论。

（四）关于环境影响评价问题。是由国家来开展还是应该 "国际化"，以及 BBNJ 是否应处理战略环境影响评价问题等，也都没有得到解决而遗留下来。

（五）能力建设和海洋技术转让问题。能力建设是强制的还是自愿的，是否包括货币化？技术转让的方式、条件是什么？都需要政府间谈判进一步讨论。

（六）BBNJ 的执行机构应如何设置机制安排？新建机构与其他相关的全球、区域和行业机构之间的关系怎样？如何解决监控、审查与履约问题？在资金方面，需要进一步明确财政资源的范围，以及是否应建立一个财务机制？还有争端解决、责任和义务问题等等诸如此类，都还有待进一步讨论。

三、对《公约》的挑战

虽然预委会完成并向联大提交了最终建议性文件，但与会代表都深知BBNJ的关键问题并没有解决，主要矛盾仍然存在，今后任务必将艰巨复杂。

根据联大第 69/292 号决议，BBNJ 谈判进程不应损害现有有关法律文件和框架以及相关的全球、区域和部门机构；谈判和谈判结果不可影响参加《公约》或任何其他相关协议的缔约国和非缔约国在这些文件中的法律地位。但实际上，在谈判的整体进程中又不得不面临对这些约束的挑战和突破。

1. 对公海自由原则的挑战。《联合国海洋法公约》规定了六种自由：航行自由、飞越自由、铺设海底电缆和管道自由、建造国际法所容许的人工岛屿和其他设施的自由、捕鱼自由、科学研究自由。发达国家坚持 BBNJ应适用公海自由原则，强调有关制度安排不能影响《公约》规定的六种自由，反对 BBNJ 文件对自由利用海洋遗传资源作出任何调整和改变。而 BBNJ 的目的就是要通过对海洋生物资源获取的规制和限制捕捞自由以实现养护海洋生物多样性的目的。这本身就是对传统公海自由原则的挑战。

2. 对海洋生物资源物权性质的重新定位。《公约》对海洋生物资源的物权属性没有做出明确规定，但就"捕鱼自由"原则的法理意义来分析，谁捕获谁拥有，实际上是把海洋生物资源作为"无主物"来定位的。《公约》的这一空白以及近年来波澜壮阔的生物多样性保护运动的开展，联合国粮农组织、区域和分区域国际渔业组织纷纷建立的渔业管理规定，都预示着海洋捕捞已从"绝对自由"向"相对约束"转化。但 BBNJ 谈判是意图重新定位海洋生物资源的物权属性，将"无主物"定位为"共有物"，即把海洋生物资源像海底矿产资源一样定位为"人类共同继承财产"，以便所有法律主体分享获取"共有物"所产生的惠益。发展中国家更是要求设立分阶段、多层次、货币和非货币化共存的惠益分享机制，发达国家则反对货币化惠益分享。对海洋生物资源物权性质的重新定位，以其说是对《公约》的完善和补充，不如说是提出了新的挑战。

3. 淡化主体国家，冲击现有国际海洋秩序。以《联合国海洋法公约》为代表的现有国际公法体系确定的国际公法主体是具有直接承受国际公法上权利和义务能力的国际关系参与者。必须具备三个条件：A. 具有独立参与国际关系的资格；B. 具有直接享有国际法上权利的能力；C. 具有直接承担国际法上义务的能力。简而言之，国家是国际公法的基本主体。而 BBNJ 谈判涉及到的两个核心问题，即环境影响评价和划区保护工具问题，包括"战略环评""全球框架""区域主导""混合模式""邻近原则"等等，都必然将国际组织提升到国际公法主体地位，甚至是凌驾于主体国家之上的高度。BBNJ 谈判进程会进一步冲淡协议的政府间性质，侵蚀会员国旧有的构建国际法律秩序的主导权。

当然，这是可以理解的，近现代以来，有些国家不遵守国际秩序，导致国家间的信任度降低，如果任由某些国家圈定"公海保护区"，必将扰乱国际海洋生物资源利用和养护秩序，掀起新的"蓝色圈地运动"。随着国际法制的进步，国际组织的国际公法主体资格将会逐步得到确认和加强，但它在现有国际法律体系内仍只是一种派生的特殊的国际公法主体，仍然意味着是对传统国际公法的修正与挑战。

4. 极端环保主义抬头。海洋环境的持续恶化、海洋生物多样性受到威胁，使得越来越多的国家、国际组织和个人更加关注海洋环境保护问题，也促成这一问题成为 BBNJ 谈判中极为重要的问题。实际上这一问题在《公约》中已有原则规定，各方也一致同意将《公约》第 206 条有关海洋环境评价条款作为 BBNJ 文件规定环评问题的出发点和基础。但随着谈判的进一步深入，各方在环境影响评价上的观点就显得极为"混乱"。发达国家如美、日、北欧等国强调国家在启动和开展环评以及相关决策方面的主导地位，拒绝接受第三方干预和该问题的"国际化"。而欧盟、澳新和一些国际组织则高举"绿色环保"大旗，主张 BBNJ 应建立全球环评标准，由独立的科学机构参与环评过程。他们的一些提案，即使用当前先进的深海技术，也难以全部满足获取资源所需的环评要素。为了缓和矛盾，美日联合提出"以最佳的科学证据为基础"的折中方案，也没有得到普遍的响应。这种"极端环保主义"观点已成为制约 BBNJ 达成广泛共识的障碍，但由于这种思潮站在了"道德高点"，其体现在 BBNJ 协定的最终文本中将难以避免，"环保要素"必将突破《公约》的规定，上升到新的制高点。

四、政府间谈判面临的政治博弈

预委会通过的"建议性文件"是以欧盟为代表的"务实推动派"、发展中国家为代表的"惠益分享派"、美俄日为代表的"资源利用派"之间斗争妥协的结果。会议未就"文件"的主要内容达成全面共识，留下了众多的"尾巴"，这就意味着随后的政府间谈判大会也将难以完全把"建议性文件"作为谈判坚实的基础。

从《公约》谈判到第一个执行协定即《关于执行 1982 年 12 月 10 日〈联合国海洋法公约〉第十一部分的协定》的谈判过程得出的经验来分析，立场的原则分歧反映的是政治利益的尖锐对立，利益矛盾是可以通过平衡和调和来解决的。在 BBNJ 谈判这样的国际政治舞台，政治博弈就更需要智慧和妥协。联大 69/292 号决议明确了 BBNJ 谈判的联大授权范围，是 BBNJ 协定谈判的基础。但是如果严格按照这一决议的限定进行讨论，必将难以达成具有法律意义上的、全新的国际法律文件。当然就部分已经达成的非原则共识发表不具有任何法律约束力的政治文件、声明或是行动指南也是解决问题的几种可能。

实际上，虽然建议性文件留下了许多"烫手山芋"，但在预委会讨论期间，这些问题也并非没有解决的余地。例如惠益分享和能力建设及技术转让问题。发展中国家普遍要求 BBNJ 文件对能力建设和技术转让作出强制性规定，主张由受让国主导，并建立可持续和可预期的资金保障。发达国家则强调能力建设和技术转让应聚焦养护和可持续利用的 BBNJ 中心目标，能力建设和技术转让应以受让国提出请求和出让国自愿为前提，对建立相关基金，态度相当消极，看似矛盾难以调和。但最终的文本表述体现出了各利益集团相当大的妥协性。惠益分享的目标被严格限定：1. 为 BBNJ 的养护和可持续利用做出贡献。2. 为发展中国家获取和利用国家管辖范围以外区域海洋遗传资源提供能力建设。对惠益分享的原则与方法则明确为，1. 惠及当代后世；2. 促进海洋科学研究与研发。明确能力建设和技术转让的目标为：通过加强有相关需求和提出要求的国家，特别是发展中国家的能力，来支持 BBNJ 的养护和可持续利用，并根据《公约》第 266 条第 2 段，来帮助他们履行本文件下的权利与义务。在能力建设和技术转让的类型和方式方面则体现得更加艺术：在政府间海洋学委员会《海洋技术转让准则和指南》的基础上，确定了建议性名录，包括：1. 关于海洋科学研究的科学和技术支持，例如通过联合研究合作计划；2. 人才教育和培训，比如通过研讨会的形式，以及数据与专业知识。3. 以国家需求为指引，响应定期评估的需求和优先领域；4. 发展和加强人才和机构能力；5. 长期并且可持续地根据《公约》第八和第九部分，发展国家海洋科研和技术能力。

可以说，最终建议性文件基本否定了对惠益分享和能力建设及技术转让作出强制性规定，也回避了惠益分享的货币化。体现出了"务实推动派"和"资源利用派"在斗争中的绝对实力，对今后的政府间谈判具有深远影响。实力决定妥协的结果，也必将决定着政府间谈判政治博弈的胜负。

五、结论

BBNJ 国际协定谈判预委会第 4 次会议的结束，标志着为期 2 年共 4 次会议的预委会任务的完成。根据联大第 69/292 号决议，预委会将于今年底前向联大提交报告，在 2018 年 9 月第 73 届联大会议前就召开 BBNJ 政府间谈判大会及其启动时间做出决定并正式开始谈判进程。

虽然预委会提交的建议性文件只能说是个半成品，但是客观评价：各方对 BBNJ 新国际文件草案要素内容的共识在扩大，支持通过谈判制定新的国际秩序的力量在壮大，启动政府间大会谈判的紧迫性在增加。预委会还是发挥了相当大的积极作用，建议性文件在很大程度上可以作为下一步政府间谈判的基础。

总之，BBNJ 国际法律文件的制定是《公约》颁布实施后最大的海洋秩序变革与调整，协定谈判攸关我海洋战略安全和国家经济社会发展利益，需要我们予以更多的关注。

国家管辖范围以外区域海洋生物
多样性政府间会议谈判前瞻及有关建议

胡学东

BBNJ 国际协定谈判是《联合国海洋法公约》生效以来最重要的国际海洋法律谈判，它的制定和实施将对现有的国际海洋秩序产生重要影响。BBNJ 国际协定以海洋资源、海洋空间利用和海洋活动为调整对象，涵盖海洋遗传资源获取及其惠益分享，包括公海保护区的划区管理工具、海洋环境影响评价、能力建设和海洋技术转让，涉及科技、政策、法律、经济、军事等领域，是当前海洋资源开发与环境管理领域的重大前沿问题。2017年7月，BBNJ 预委会完成并提交了国际协定的建议性文本草案，2018年启动政府间谈判已成定局，这对 BBNJ 问题深入和前瞻性研究变得十分迫切。

一、政府间谈判前的相关动态

BBNJ 问题第 4 次预备委员会根据联合国 2015 年 6 月 19 日通过的第69/292 号决议的要求，于 2017 年 7 月 20 日向联大提交了最终建议性文本草案《海洋生物多样性养护和可持续利用的具有法律约束力的国际文书建议草案》。同时建议在联合国的主持下尽快决定召开政府间会议，以对预备委员会提出的具有法律约束力的国际文书草案的各项要素依其案文展开详细的讨论。

随后，各国、各国家集团和有关国际组织展开了密集的国际外交活动，新西兰和墨西哥表现的尤为活跃。在无竞争和反对的情况下，两国成为BBNJ 国际协定谈判问题联大决议草案磋商的共同协调员，并于近期制成了讨论程序性问题的决议案案文交联合国秘书处作为正式文件开放接受共同提案国登记。案文就政府间大会、谈判内容、会议安排、主席产生、原则、开放参与、观察员地位、生效条件、信托基金等问题提出了全面建议。就案文本身来说，绝大部分国家和国家集团都不会持有异议，这就意味着案文提出的在 2018 年 9 月启动政府间大会谈判将成为现实。

虽然俄罗斯等国对此案文持有较大异议，大多数国家也对此没有表示明确态度，但就目前形势来看，BBNJ 政府间谈判将会按计划进行，谈判进程很难受到阻碍。

二、争论焦点：三大核心问题

预委会提交给联大的最终建议性文件，虽然纷乱繁杂，但归纳起来有三个最核心的问题需要解决。即适用对象、适用原则和主体权利问题。

（一）适用对象问题。实际上，自 2004 年开始讨论 BBNJ 问题，这就是个令各方十分纠结的难题。BBNJ 讨论的目标指向是养护海洋生物多样性，而在《联合国海洋法公约》中，除在沿岸国管辖海域从国家所有权责任角度对此有所论及外，在公海海域是开放和自由的，并将捕鱼自由作为公海自由的核心之一。海洋鱼类是海洋生物最重要的组成部分，捕鱼自由原则本质上就与 BBNJ 的立法宗旨——要对海洋生物资源的获取和利用进行规制相矛盾。在《公约》的法律框架下讨论 BBNJ 问题自然就陷入了无法调解的悖论。

应该说，将海洋生物遗传资源作为 BBNJ 的适用对象是相当有智慧的想法，因为在《公约》中并没有对海洋遗传资源做出规定。BBNJ 协定可以填补空白，其定位亦不会与《公约》产生矛盾。

但问题在于，遗传资源本身就是海洋生物的衍生物，两者的获取方式没有本质差别，或者说是遗传资源的获取依赖于海洋生物捕获，如果海洋生物资源的获取是自由的，又如何能限制和区分对遗传资源的获取呢？其次，海洋生物遍布整个海洋，是流动的，那么又如何知晓遗传物质是从哪里获取的呢？是在国家管辖海域内还是海域外呢？个别提案又在乱上加乱，提出要从获取目的上将商业渔业区分开来。殊不知，科研自由也是公海自由的核心之一，单纯的遗传资源获取从某种程度上更加类似科学研究。个别提案使问题不但没有解决，反而变得愈来愈复杂。

（二）适用原则问题。适用对象不明确必然导致适用原则的混乱。《公约》中规定了航行、飞越、捕鱼、科研、铺设电缆管道、建设人工设施、岛屿六大公海自由原则；同时，又规定对国际海底区域的矿产资源适用人类共同继承财产原则，并对此制定了"区域"专章做出了非常详细的安排，规定国际海底管理局是代表全人类对海底矿产资源行使财产权利的机构。在《公约》中对上述两类原则的适用对象和适用区域是明确的，但是对海洋遗传资源、生物基因资源等非传统资源并没有作出相应的规定，对海洋生物资源的物权属性也没有作出明确规定，但从"捕鱼自由"原则的法理意义来分析，谁捕获谁拥有，实际上是把海洋生物资源作为"无主物"来定位的。强制剥夺、占有和分享物权人已经合法获得的"无主物"是缺乏法理依据的，这也就是 BBNJ 到底适用什么原则成为非常难以解决的问题的原因之一。

全球海洋生物总计可能达到 100 万种，其中 25 万种是人类已知的，其余 75 万种人类知之甚少，这些人类不甚了解的物种大多生活在未被深入考察的深海大洋或者说是国家管辖以外的海域。极端环境下的深海生物基因是近年来引起国际关注的新型资源，深海生物处于独特的物理、化学和生态环境中，体内产生了特殊的活性物质。这些特殊物质是人类未来最大的天然药物和生物催化剂来源，也是研究生命起源及演化最好的科学素材。可以想见，随着科学的进步与发展，公海惠益会越来越多，但分配也将会愈来愈不均衡。

发达国家为保护自己的传统优势坚持 BBNJ 应适用公海自由原则，强调有关制度安排不能影响《公约》规定的六大自由，反对 BBNJ 文件对自由利用海洋遗传资源作出任何调整和改变。发展中国家则恰恰相反，77 国集团、非洲集团、小岛屿国家联盟、太平洋小岛屿发展中国家联盟、加勒比共同体和内陆发展中国家等形成"惠益共享派"， 主张公海海洋生物资源应属于人类共同继承财产，即把公海海洋生物资源像海底矿产资源一样定位为"人类共同继承财产"，以便所有法律主体分享，坚持 BBNJ 管辖海域海洋遗传资源应适用"人类共同继承遗产"原则，进而要求在获取、研究和开发的不同阶段分享惠益，并要求无偿获取包括衍生物在内的样本、数据和遗传序列信息，甚至是分享利用遗传资源产生的货币化惠益。双方观点对立非常尖锐，矛盾难以调和。

（三）权利主体问题。以《联合国海洋法公约》为代表的现有国际公法体系确定的国际公法主体是具有直接承受国际公法上权利和义务能力的国际关系参与者，即国家。而 BBNJ 谈判涉及到的两个重要问题，环境影响评价和划区保护工具问题，包括衍生的"战略环评""区域主导""混合模式""邻近原则"等等，都涉及谁有权决定这些问题、谁是决定这些问题的主体和拥有决定权的权利来源等问题。近现代以来，有些国家不遵守国际秩序，导致国家间的信任度普遍降低，如果任由某些国家圈定"公海保护区"，必将扰乱国际海洋生物资源利用和养护秩序，掀起新的"蓝色圈地运动"。

以美、日、俄为代表的海洋利用派依仗其强大的资金和海洋技术优势，主张主权国家对 BBNJ 各项制度的主导和控制，包括对决策、决定权和执行权的控制和主导，目的是减少对协定水域勘探开发活动的国际限制。以欧盟及众多国际组织为代表的环保派则主张建立独立的国际机构主导和控制这些制度的实施。发展中国家则持相当谨慎的态度，主张建立具有正负清单和设定阈值的国际公认的指南性"软制度"。立场的原则分歧反映的是政治利益的尖锐对立，利益矛盾是可以通过平衡和调和来解决的。环境影响评价和划区保护工具问题在预委会的最终建议性文件中没有得到根本解决，而这些问题又是协定中核心的、必须解决的问题，我们期望，在 BBNJ 这样的国际政治舞台上，政治博弈能显示出更高的智慧和妥协艺术。

三、可能的解决方案

预委会提交的"建议性文本草案"是以欧盟为代表的"务实推动派"、发展中国家为代表的"惠益分享派"和美俄日为代表的"资源利用派"之间斗争妥协的结果。但上述三大核心问题并没有解决，或是被有意回避了。但问题终究需要解决，世界需要听到中国声音。为此，我们提出一些新的解决问题的思路。

（一）将适用对象定位在深海生物。BBNJ 协定的适用对象问题，是一个综合性法律问题，BBNJ 协定的适用对象不应局限在生物学层面，而应重新在空间上、区域上予以考虑和明确。深海渔业可持续管理问题已在《1995年鱼类种群协定》《负责任渔业行为守则》、联大 46/215 号决议、《促进公海渔船遵守国际养护和管理措施的协定》等法律文件中做出安排。同时，联合国粮农组织、各区域、分区域国际渔业管理组织等已对公海海域实施了多年有效的管理。69/292 号决议又捆绑住了BBNJ问题的手脚，那么，解决问题的的关键就在于如何规避协定适用对象与传统渔业中关于生物资源与鱼类种群的混淆，做出明确的切割，及如何更好地处理区域渔管组织关系等诸多棘手问题，以利于谈判进程的有效推进。

目前，就生物种群而言，只有国际海底区域的生物种群在《公约》框架下的管理上是空白的。因此，BBNJ 协定的适用范围是否可以明确为国际海底区域的生物种群呢？

近代科学研究表明，深海生物资源是在极端条件下所形成的具有独特生物结构和不同于光合作用的化学能代谢机制的生物种群，是区别于传统渔业的独立种群。在过去 50 年中，人类发现超过 2 万种生物活性物质，然而从深海获得的还很少，只占2%，但在这 2% 的生物活性物质中，有50% 的具有抗癌特性。深海生物活性物质被认为是创制新型药物的希望所在，预计21 世纪将形成一个新的产业生长点。像 20 世纪国际海底矿产资源一样，深海生物资源是可以期望而又难以预计的人类财富。将其界定为BBNJ 的适用对象在科学上是可以解释的，如在空间上以真光层或通用的2000 米以下来划分；在生物学上又是区别于大多数已认知鱼类的独特的生物种群；在获取方式上，由于在全球范围内技术能力、经济实力和效益动能等方面都相对羸弱，主要的获取活动大多是国家行为，区别于捕鱼；在法律层面上，由于时代局限性，《公约》没有对深海生物资源做出规定，这就为将这些资源从目前的"无主物"确定为"共有物"留下了法律空间。

基于此，将深海生物资源确定为BBNJ 协定的适用对象在科学、获取、法律等各方面都是可以接受的，这也是理顺和讨论协定其他问题的基础。

（二）明确物权性质，使之适用人类共同继承财产原则。对海洋生物资源物权性质的重新定位，将"人类共同继承财产"原则的适用范围调整扩大到"区域"范围内的国际海底的海洋生物遗传资源，而上覆水体部分包括其中的海洋生物仍然适用"公海自由"原则。同时，在具体制度设计中再做出适当安排。这或许能为发达国家与发展中国家之间达成妥协提供可能性。

（三）让渡主权权利，提升国际组织权威。海洋捕捞已从"绝对自由"向"相对约束"转化。将"无主物"定位为"共有物"，而 BBNJ 的目的就是要通过对海洋生物资源获取的规制和限制捕捞自由以实现养护海洋生物多样性的目的。对传统公海自由原则的挑战必然将国际组织提升到国际公法主体地位，甚至是凌驾于主体国家之上。随着国际法制的进步，国际组织的国际公法主体资格将会逐步得到确认和加强。BBNJ 讨论的环评和公海保护区制度是当前国际认可度较高的全球海洋治理安排，是养护和可持续利用 BBNJ 的重要手段。制度的形成过程，实际上就是各主权国家、国家集团和国际组织间通过了所提出的。

（四）统一全球区域和分区域渔业规则问题。随着全球一体化进程的不断加快，施行全球统一治理的呼声越来越高，全球海洋资源与环境管理规则不断收紧已是大势所趋。当前全球的区域和分区域渔业管理组织或安排机制已经超过 20 个，基本覆盖了所有公海海域。这些组织或安排机制建立的基本原则和所采取的管理措施大致相同，具有一定的统一基础。BBNJ 谈判如果能突破联大 69/292 号决议，充分协调现有渔业组织机制，建立统一的全球管理机制框架，这或许是 BBNJ 谈判另一条可行的道路。

海洋高度的生物多样性水平，尤其在海底典型生境中，包括深海珊瑚、海山、热液区、冷泉、多金属结合区等，具有更高的生物多样性水平。

深海大洋的研究是当前的热点，研究涉及生命起源、生物多样性保护、全球气候变化等，具有重要价值和意义，需要全球的共同努力。

四、有关建议

随着陆生资源的日益匮乏，世界各国，尤其是西方发达国家，纷纷斥巨资对深海生物的资源和生物活性等多方面进行深入研究，目的是为了从深海生物资源中寻找到高效低毒的创新药物，能有效预防、治疗威胁人类生命健康的多种严重疾病。

自 21 世纪初，国际上与海洋生物相关专利呈逐年增长态势。近十年，每年申请发明专利约 300 件，以日本、美国、英国、中国和韩国申请数量最多。尤其是日本，在海洋生物研究和应用方面优势明显，这与该国很早确立的海洋立国战略密切相关。深海基因资源是未来生物产业发展的基石。目前，各类深海极端微生物及其基因资源在生物医药、工业、农业、食品、环境等领域的开发应用取得了突破，已经形成了数十亿美元的产业。近年来，日本发现和开发出了大量的来源深海的嗜碱菌株和碱性生物酶，获得20 多项相关专利，其中碱性纤维素酶、环糊精酶、蛋白酶等已在工业上广泛应用。

早在十几年前，比尔·盖茨就曾断言："下一个能够超越我的世界首富必定出自基因领域。"中国的深海大洋工作开始于20世纪八十年代初期，中国大洋协会从"十五"开始启动了大洋生物基因资源的研究，始终把深海生物资源的战略储备作为主要任务，组织国内优势团队，大力发展深海生物资源勘探技术，建立了相当规模的深海生物资源库，用短短15年时间大幅提升了我国深海生物资源的拥有量，资源拥有量实现了重大超越。同时，积极推动深海微生物资源的应用潜力评价，获得了在医药、环保、工业及农业等方面有重要应用价值的菌种、基因、酶和化合物，并实现了资源共享，推动了深海生物知识产权保护，快速提升了我国深海生物专利的拥有量，从而保障了我国在国际海底区域的权益。

全球海洋综合评估程序第一次报告关于国家
管辖范围以外区域海洋生物多样性问题技术摘要

郑苗壮，刘岩，裘婉飞

一、主要问题

1. 地球表面约 60% 是国家管辖范围以外的区域。这些海域很深，平均深度超过 4000 米，最深逾 1 万米。它们构成了一体，成为相互关联的世界海洋的一部分。

2. 由于生命在海洋中无所不在，在所有形式的地球生命所居住的生境中，有 95% 左右位于国家管辖范围以外的区域。这些区域的生物多样性比陆地生态系统包含了更多的主要生命类型。

3. 尽管我们已经了解了很多，但在这些海域的水体和海底中，仅有远不及百万分之一的部分得到了详细研究。在这些海域中，生态系统过程与功能的复杂性只在一定程度上得到了了解，需要就此开展更多的科学调查。尽管如此，迄今的研究仍表明了海洋在近几十年和几个世纪内发生了哪些变化。这些研究也揭示了未来可能出现的趋势。

4. 世界海洋与大气层密切相关，彼此影响。因气候变暖和酸化作用，气候变化可能会对海洋生物和生态系统产生不可预测的深远影响。鱼类和其他物种的分布已经因持续上升的温度而变化。持续变暖的海洋和气温已经在使极地地区的海冰减少或消失。具有钙质结构的生物将面临海洋酸化带来的挑战。这些变化可能会对所有海洋生态系统造成十分严重的后果，特别是对极地地区和珊瑚礁。

5. 深海中的生态过程是缓慢的。这些过程如果受到捕捞、采矿、气候变化等因素的干扰，其恢复速度也将是缓慢的，生态系统的复原力将被削弱。

6. 海洋通过光合作用进行的初级生产对全球氧气供应至关重要，而且几乎是海洋中所有生命的基础。国家管辖范围以外的广大海域支持着这一生产过程中的很大部分，也支持着光合作用所需营养物质的纵向循环过程中的很大部分。气候变化可能会迫使初级生产发生变化。

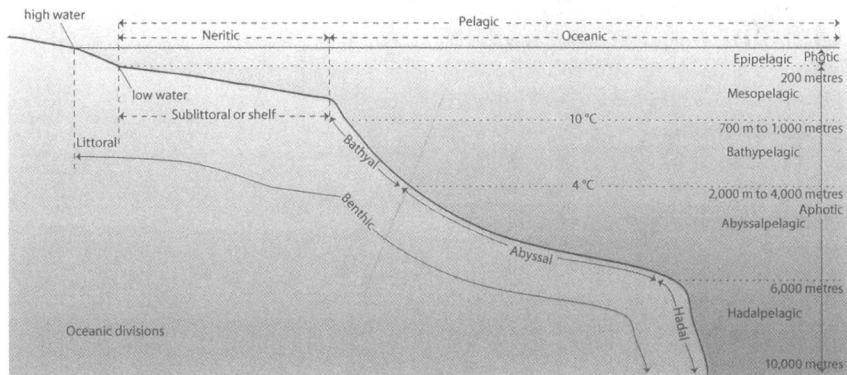

图 1　海洋分区

7. 环境从陆地开始，经由国家管辖范围以内的水域，到国家管辖范围以外的区域，构成一个连续统一体。许多物种在生命周期的不同阶段使用这些不同区域。来自陆地的污染物，包括海洋废弃物，会触及并影响国家管辖范围以外区域内的生物。在这些区域，海洋废弃物极易引发问题，而此类废弃物中有 80% 来自陆地。海洋废弃物分解为微粒和纳米颗粒，进入食物链，所造成的影响在很大程度上是未知的。较大的废弃物会缠绕体型较大的生物，使其溺亡。

8. 国家管辖范围以外的区域提供多种惠益，如食物。来自海洋的惠益在全球的分配依然十分不均。欠发达国家面临的能力建设差距使其无法充分利用海洋提供的惠益。

9. 目前的研究显示，可采用在生态上更可持续的管理办法。然而，可持续利用还要求具备有关能力，应对那些造成海洋退化的因素。

二、国家管辖范围以外区域的海洋结构

10. 海洋是彼此相连的统一水体，覆盖地球表面的十分之七稍多，包含地球表面所有水体的 97%。海洋分为四大大洋盆地，即北冰洋、大西洋、

印度洋和太平洋。强大的南极环流将这些大洋的最南端连接在一起，形成一个具有一致物理、化学和生物条件的海域。这个海域被总称为南大洋。构造板块在地幔上的运动形成了大洋盆地，由于各个板块边缘的形状不同，形成了或宽或窄的大陆架以及形态各异的大陆坡，向下延伸至大陆隆和深海平原。在各大洲之间，深海平原的地貌活动形成了大洋中脊、火山岛、海隆和海沟。

11. 《联合国海洋法公约》（《公约》）规定了国家管辖范围内的海洋区域范围。这些区域包括内水、领海、毗连区、群岛国家的群岛水域、专属经济区和大陆架(图2)。《公约》规定了各国在这些区域的权利和义务。

12. 根据《公约》，国家管辖范围以外的区域为公海和国际海底区域（"区域"）。公海指不属于专属经济区、一国领海或内陆水域，或群岛国家群岛水域的所有海域。"区域"指国家管辖范围以外的海床、洋底及其底土。

13. 在南大洋，《南极条约》适用于南纬60度以南的区域。

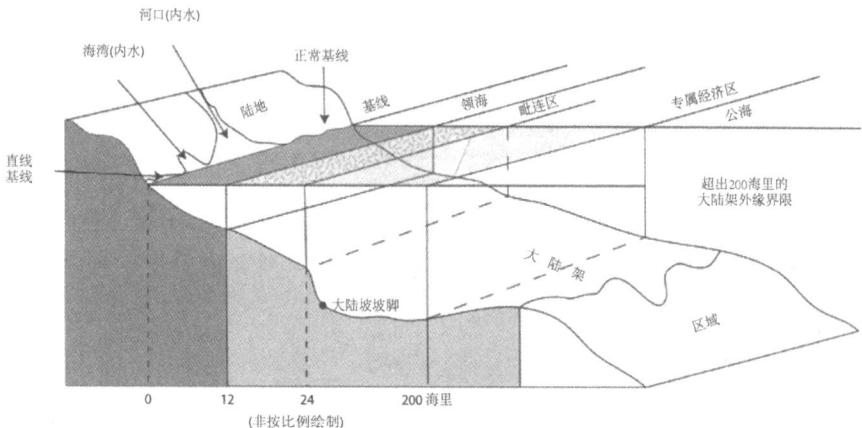

图2　《联合国海洋法公约》中的海洋分区

14. 除了200海里以外大陆架的某些方面，《公约》并非依据地貌标准来确定海区范围。这方面的科学与法律术语之间存在重要区别。国家管辖范围以外的区域涵盖多种形式的地貌。从科学角度看，在大陆边宽阔的海域，大陆边的一部分可能位于法律上确定的国家管辖范围之外。图一和图二分别显示了从科学角度描述海洋各分区的部分术语，以及《公约》规定的海区。

15. 由于并非所有国家都宣布了专属经济区，并且根据《公约》第 76 条划定 200 海里以外大陆架外部界限的工作仍在进行中，因此，目前仍难以确定国家管辖范围内外区域的各部分的具体范围。

16. 然而，据估计国家管辖范围以外区域可覆盖约 2.3 亿平方千米的面积，约占地球表面的 45%。但是，这些区域的重要性却比这一比例更大，这是因为国家管辖范围以外的水域和海床极深，提供了约 95% 所有形式的地球生命占据的空间。

三、国家管辖范围以外区域的海洋生物多样性状况

A. 全球概况

17. 海洋生物多样性的模式受到海床深度和性质的变化、温度变化、盐度、水体中的养分和洋流、阳光的纬度和季节性变化等因素的影响。海洋的规模和复杂性意味着全球海洋生物多样性模式在很大程度上无法量化，其自然驱动因素也没有得到充分了解。

18. 总体而言，关于对海洋有两个截然不同的讯息：

（a）我们对海洋生物多样性状况，特别是国家管辖范围以外区域的生物多样性状况仍然知之甚少；

（b）尽管如此，迄今的研究仍显示出海洋在最近几十年和几个世纪内发生了如此大的变化。这些研究也揭示了未来可能出现的趋势，并提出了更可持续的管理方案。然而，不确定性仍然存在，也会出现意外情况。

B. 水体的生物多样性

表层水物多样性

19. 在阳光可以射入约 200 米的深度以内，是表层水的范围。表层水对生物多样性来说非常重要，它提供了世界上相当大比重的初级生产养分，从而成为从大气中消除二氧化碳的物质；在这一范围内发现了很多鱼种，支持着重要的渔业，为高度洄游物种在地球上的洄游提供了路线。表层水也是大量不同物种的家园。

20. 初级生产由浮游植物（即通常是微生的可进行光合作用的植物）和细菌完成。初级生产总额是浮游植物利用阳光，将二氧化碳（CO_2）和水转化为高能量，用于促进增长的有机碳化合物的速率。在这一过程中会释放游离氧。初级生产总额减去光合生物在呼吸过程中排出的二氧化碳，即

得到初级生产净额。在全球范围内，陆地和海上每年的初级生产净额预计约为 1 050 亿吨碳，其中约一半由海洋藻类和细菌产生。在表层水范围内，浮游植物约贡献了这一半中的 94%，其余来自海草。图 3 显示了海洋初级生产净额的预计全球分布情况。

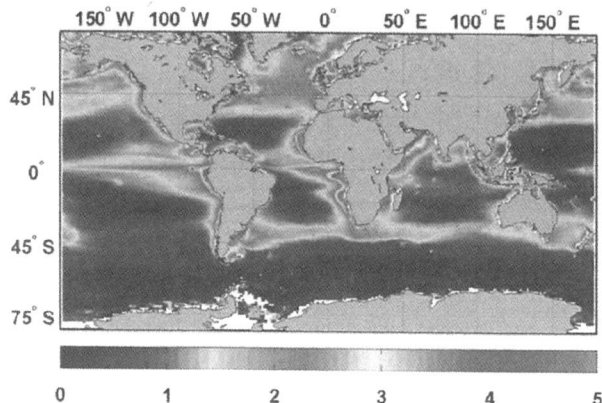

图 3　海洋初级生产净额的预计全球分布情况 [①]

21. 浮游植物除了是碳循环的重要组成部分外，还为更高营养级的生物提供食物。浮游植物向更高营养级的能量转移模式由其大小决定。在营养匮乏的亚热带暖水区，小型浮游植物（＜2 微米）向更高营养级捕食性动物的能量转移需要经过更多的步骤，因此有机碳的流动链条更长、更缓慢。与此相反，在营养丰富、较凉爽的水域，浮游植物体型较大（＞20 微米），能量转移的途径较短，而速度快。

22. 在整个水体中，微型和稍大型的动物、幼年期鱼类、甲壳纲动物、软体动物及其他以浮游植物为食的海底动物构成了被称作浮游动物的门类。与浮游植物一样，所有浮游动物都为更高营养级的生物提供食物，幼年期生物则会发展为更高营养级的生物。

23. 所有类型的浮游生物都体现了庞大的生物多样性。仅一公升海水就可囊括"生命之树"所有主干中的代表性生物，如古生菌、细菌和所有主要的真核生物界。

---

① 1998 年 9 月至 2011 年期间年度垂直整合模型的海洋初级生产分布情况气候地图（蓝色＜100 克碳／平方米，绿色＞110 克碳／平方米，但＜400 克碳／平方米，红色＞400 克碳／平方米）。

深海生物多样性

24．与沿海地区和陆地相比，我们对 200 米左右以下的深海知之甚少。在 13 亿多立方千米中，仅有远不到 0．0001% 得到了探索。尽管如此，仍有强有力的证据表明，这一范围内有极为丰富多样的物种。

25．在某些区域，深海水域中的物种要比表层水中的物种更加丰富多样。深海水域中的生物多样性支持着地球自然系统运作所需的生态过程。许多解释深海生物多样性的理论都强调了深海生境的多种类型及其运行的缓慢时间尺度。

26．例如，对全球运行至关重要的生态系统过程包括有机物在深海中分解为无机成分（再矿化），这一过程再生了可促进海洋初级生产的养分。沿海和浅水中的有关过程与功能在相对较短的时间内，在地方和区域空间内提供服务，而深海过程和生态系统功能往往只有经过几个世纪的持续活动后，才能转化为有用的服务。

27．在表层水以下是阳光渗透不足以支持初级生产的中海层。这一水域是对控制二氧化碳固存深度的动物极为重要的生境。

28．在中海层约 1 000 米的深度下，是深海水体中最大的分层，也是迄今地球上规模最大的生态系统——这就是半深海层。这一分层包含了海洋总量的近 75%，温度通常仅为零上几摄氏度。

29．各纵向分层之间的过渡呈梯度变化，没有固定的分界。因此，在过渡地带，不同分层之间的生态区别比较模糊。有机体的丰度和生物量在这些分层中有所不同，表面最高，在较低的分层中逐渐减少，但在海底附近又有所增加。尽管丰度较低，但由于范围巨大，即使是很少发现的物种也可能总量庞大。

30．深海动物在自身的生命周期中，其纵向分布往往随着成熟阶段而变化。更加壮观的是许多中海层物种每天进行纵向洄游，以便在夜晚到较浅的水域觅食。这种纵向洄游可能会增加大洋海水的物理混合，形成"生物泵"，将碳化合物和养分从表层水域带入深海。这些物种和其他物种的生物量（丰度）不明。目前，对微生物及其在深海水层生态系统中作用的研究，才刚刚开始显露此类生物丰富的多样性。

31．自游生物（在海洋中独立游动的生物）包括多种鱼类、甲壳类（如磷虾）和头足动物（如鱿鱼）。全球深海鱼类在丰度上超过海洋其他分区中的鱼类，占地球鱼类生物量的绝大多数。在这些鱼类中，中海层鱼类构成了全球碳循环的主要组成部分。仅钻光鱼科（圆罩鱼属）就比所有沿海鱼类的总量更加丰富，可能是地球上最丰富的脊椎动物。深海中的自游物种是鲸、海豹、鱼类、鲨鱼、某些海鸟和海龟等许多海洋捕食动物的主要猎物，捕食动物对这些物种的总消费量在生物量上十分庞大。

C.　海底生物多样性

32.　一般而言，由于国家管辖范围以外的海域极深，直到最近几十年前，对大陆隆以外的海床进行勘测都还几乎是不可能的。因此，我们对这些海域知之甚少。在主要是深海平原的海底，有海沟（深渊海底）、大洋中脊和海山。深渊海底区的面积（约 340 万平方千米）不到海洋总面积的1%。在海底，有 80 多个独立的盆地和洼地。在沿太平洋边缘地带，有 7个巨大的海沟（6 500 米至 1 万米深）。大西洋中则有波多黎各海沟（深逾 6 500 米）。

33.　在主要海洋盆地中，国家管辖范围以外区域海底生命（底栖生物）的已知情况可概括如下：

（a）深度越深，物种的生物量越小，丰度越低；

（b）深度越深，物种体型一般越小，但食腐动物除外，呈相反趋势；

（c）在深海海底和深渊海底，甲壳类动物、双壳贝、多毛环节动物（环形虫）在丰度和多样性上都最为重要；在较大的动物中，棘皮动物最为重要；

（d）许多较大体型的底栖物种在生命早期为漂游着的（浮游生物）。

热液喷口和冷渗漏

34.　近期，人们对热液喷口和冷渗漏生境有了较多了解。这些都是在过去 40 年内发现的。这些群落是海底（包括深渊海底区和大洋中脊）上的能量热点。它们维系着地球上一些最不同寻常的生态系统，其中许多位于国家管辖范围以外的区域。在这些环境中，驱动微生物的化能合成初级生产的化学物质的浓度高。因此，这些环境中的生物群不直接依赖由日光驱动的光合作用。在国家管辖范围以外的区域，沉积中的渗漏在俯冲带形成，这些区域的地下通常埋有碳氢化合物储层。喷口式和渗漏式生态系统都由多种彼此层叠镶嵌的生境组成，覆盖了多种不同条件。

大洋中脊

35.　大洋中脊系统是地球表面上连绵出现的单一地形，绕地球绵延约

50 000 千米；大洋中脊确定了新大洋地壳沿构造板块边界生成的轴心。这些洋脊的海床高于周围的深海平原，以大洋中岛的形式达到海平面。全球洋脊系统是大洋中位于半深海深度的广阔生境。大洋中脊的主要动物群由可从邻近大陆边了解到的半深海物种组成。但是，已发现可能是只在大洋中脊存在的新物种。若作出进一步探索，几乎必定会发现新的物种。

D. 在国家管辖范围以外区域发现的海洋物种和生境
珊瑚（包括冷水、热带和亚热带珊瑚）

36．位于热带和亚热带水域的大多数珊瑚丛与岛屿和大陆海岸相联系。因此，它们位于国家管辖范围内。然而，一些热带和亚热带珊瑚丛位于海山和礁石上，这些海山和礁石的高度低于海平面，因此无法形成陆地。其中一些位于国家管辖范围以外的区域。这些遥远的珊瑚丛大多位于太平洋地区，它们与位于国家管辖范围内、数量更为繁多的珊瑚丛有相同的特征，受到同样的压力。

37．这些遥远的珊瑚丛发挥着重要作用，不论是对于生物多样性，还是作为许多物种的繁殖和育苗区。这些物种的复杂性构成了珊瑚礁总体生物多样性的一部分——珊瑚礁容纳了 34 个经认可的动物类群中的 32 类，以及全部海洋生物多样性的约四分之一。这些珊瑚面临的威胁在很大程度上也与近岸珊瑚丛相同：海洋水温升高，进而导致珊瑚白化、酸化；热带风暴的模式变化；过度捕捞、拖网渔船造成的损害；外来入侵物种造成的破坏。

38．人们在几个世纪以来就知道冷水珊瑚的存在，但直到最近才充分认识到冷水珊瑚出现的范围。它们覆盖很大的深度范围（39 米至 2 000 米或更深）和纬度范围（北纬 70 度至南纬 60 度）。其中许多位于水深 200 米，也就是光合作用不会发生的平均深度以下。冷水珊瑚因位于较深的水域，通常在国家管辖范围以外的海域发现。越靠近极地，越可能在较浅的水域发现冷水珊瑚。冷水珊瑚结构支持着周围海底上十分重要、高度多样的群落。冷水珊瑚还是多种鱼类和无脊椎动物重要的产卵、育苗、繁殖和觅食地点，也是每日纵向洄游动物所依赖的生境。

鱼类

39．全球海洋综合评估进程希望避免重复联合国粮食及农业组织（粮农组织）已经在开展的工作，因此没有具体研究国家管辖范围以外区域的渔业。秘书长最近的一份报告对公海鱼类种群进行了全面研究，其中包括粮农组织提供的资料。尽管如此，但《第一次全球海洋综合评估报告》还是研究了国家管辖范围以外区域所有最具经济意义的鱼类，包括金枪鱼、长咀鱼、鲨鱼和鳐鱼，以及其他鱼类。

金枪鱼和长咀鱼

40．金枪鱼和长咀鱼主要生活在 200 米深度以上的海洋上层，广泛分布于世界海洋的热带、亚热带和温带水域。在 15 个金枪鱼或类金枪鱼物种中，有 7 个因在全球市场上的重要经济意义，通常被称为"主要市场金枪鱼"。其他金枪鱼鱼种总体上更多地分布于沿海区域，但细长金枪鱼（学名：Allothunnus falla.）除外，其分布范围广泛。长咀鱼（如旗鱼和箭鱼）同样分布广泛。国际自然保护联盟在不考虑目前采取的管理行动的情况下，根据种群数量的变化趋势，将 9 种金枪鱼和长咀鱼划为被威胁或接近被威胁的物种。由于缺乏数据，4 个物种的情况无法评估。图 4 显示了按各大洋分类的金枪鱼和长咀鱼全球总渔获量的时间趋势。

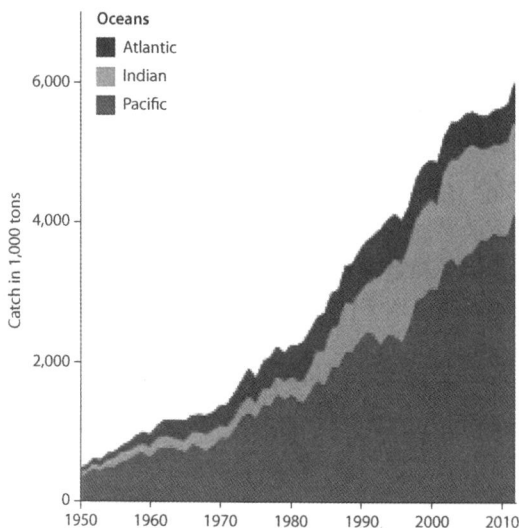

图4　金枪鱼和长咀鱼全球总渔获量的时间趋势

鲨鱼和鳐鱼

41．大多数鲨鱼和鳐鱼因生育率低、生长缓慢、性成熟年龄晚，具有繁殖能力低的特点。与繁殖能力更强的多骨鱼类相比，鲨鱼和鳐鱼的这些生命特征更类似于海洋哺乳动物，这使它们特别容易受到渔捞压力的影响。

大洋鲨鱼因其生育率极低，特别容易受到这一影响。

深海鱼类

42．从 20 世纪 70 年代到 21 世纪初，深海鱼类物种是主要商业渔业
的基础，但随着这些物种的存量被捕捞完毕，以及人们日益意识到这些物
种的低繁殖率（进而意味着低产出）和某些捕捞活动对海底物种的影响，
此类渔业开始减少。在全球范围内，用于商业目的的主要深海鱼类物种目
前约有 20 个，如桔连鳍鲑（学名：Hoplostethus atlanticus）和拟五棘
鲷（学名：Pentaceros richardsoni）。这些主要深海物种目前的商业渔
获量约为 15 万吨，这一数量在 2011 至 2015 年期间保持稳定。在一些区域，
如南大西洋，在某些海山的捕捞活动因多种原因被禁止，[①] 包括根据《粮
农组织公海深海渔业管理国际准则》，尊重这些区域作为脆弱海洋生态系
统的地位。

大型藻类（海藻）

43．植根于海底的海藻通常不会在国家管辖范围以外的区域出现，因
为大多数此类海藻为捕获阳光，需要生活在不到 200 米深的水域内。但是，
在国家管辖范围以外区域发现有一些自由浮动的海藻。在此类海藻中，马
尾藻物种可能最为重要，这是在整个生命周期都处于浮动状态的唯一属种
（第 14 章）。

44．马尾藻海拥有基于两种马尾藻的独特海洋生态系统，为丰富多样
的生物群落提供栖息地，其中包括 10 个特有物种。马尾藻海是欧洲鳗和
美洲鳗（学名：Anguilla Anguilla 和 Angu. lla rostrata）都使用唯一
已知产卵区。一些鲨鱼鱼种（包括学名为 Lamna nasus 的鼠鲨）似乎洄游
到马尾藻海繁殖。在北赤道洋流与赤道之间的北赤道回流区生长的马尾藻
在加勒比多个地区、巴西海岸，甚至是西非海岸被冲刷上岸。这一在国家
管辖范围以外区域的生长情况影响了当地旅游。

海洋哺乳动物

大型鲸鱼

45．到 19 世纪末，密集的捕鲸活动造成一些鲸鱼物种和种群严重枯竭，

---

① 大会第 64/72 和 66/68 号决议呼吁采取行动，应对底鱼捕捞活动对脆弱海
洋生态系统和深海鱼类种群长期可持续性的影响。大会 2016 年第 71/123 号决议对
有关行动做了最近一次的评估。

甚至几近灭绝。20世纪的机械化工业捕鲸导致鲸鱼数量进一步大幅下降。近几十年来，一些大型鲸鱼种群正在恢复中，例如，座头鲸在全球范围内恢复，蓝鲸在某些区域恢复，南半球露脊鲸作为一个整体在恢复。但是，许多鲸鱼种群远远没有恢复到原来的水平。例如，露脊鲸在东北大西洋基本绝迹，仅仅在东北太平洋、东南太平洋和新西兰周围勉强生存。

大洋海豚

46. 大洋（近海）海豚通常与许多其他鲸目动物相比不易受到人类活动的影响，因为它们体型相对较小，商业价值很低，分布广泛且远离大部分人类活动。近海物种与渔业有明显的相互作用，特别是在东太平洋热带，近海物种在那里与有商业价值的其他海洋物种之间存在共生关系。此类物种在进入国家管辖范围内的区域时，还会被直接捕捞。

海豹和海狗

47. 虽然海豹和海狗等很多物种在陆地繁殖并花大量时间在大陆架上觅食，但一些物种特别是在南半球的某些物种有大量时间停留在国家管辖范围以外的区域。许多种群正在避免过去的过度捕捞而得以恢复，不同种群和不同区域的恢复速度不尽相同。一些种群正在减少，多个种群和物种被认为受到威胁或接近威胁。其他种群在经历20世纪80年代到21世纪初的增长后，目前保持稳定。食蟹海豹（学名：Lo-loodon carcinophaga）是世界上最丰富的海洋哺乳动物，它们居住在浮冰上，主要以磷虾为食。在南大洋，捕食动物经常光临海洋锋区，那里有良好的捕食条件。这些海峰对此类海洋哺乳动物的分布发挥着关键作用。

北极熊

48. 北极熊是北半球高纬度地区的地方性物种。它们环极地分布，以海冰（包括国家管辖范围以外区域的海冰）和陆地为生。大多数种群已因广泛被狩猎而严重枯竭。北极熊目前面临的主要长期、全范围威胁是气候变化预计会造成的海冰生境的丧失。然而，发现了损害北极熊有关的大量污染物，给不同的极地地区造成了负面影响。

海洋爬行动物

49. 人们在国家管辖范围以外区域发现的海洋爬行动物是海龟。虽然海龟生蛋后在海滩上孵化，又花费大量时间在近海水域觅食，但好几个种类进行季节性长途迁徙。这几种类有：赤海龟（Caret-ta caretta）、

绿海龟（Chelonia mydas）、玳瑁（Eretmochelys imbricata）、丽龟
（Lepido-chelys olivacea）。这些物种都被世界自然保护联盟（IUCN）
认定为弱势（丽龟）、濒危（赤海龟和绿海龟）和濒临绝种（玳瑁）。压
力主要来自渔业（虽然影响最大的是沿海渔业）、沿海开发（特别是海滩
的旅游开发）和采集龟蛋。

海鸟

50. 总体来说，与其他大多数可比鸟类群体相比，海鸟受到的威胁更大，
它们的状况恶化得更快。海鸟在繁育时面临陆上的威胁，在迁徙和觅食时
会面临海上的威胁。信天翁和海燕等远洋带物种受到更大威胁，比沿海物
种的退化速度更快。许多物种飞行距离长，跨越国家管辖地区和国家管辖
范围以外区域，从而接触到多个渔船队——这是一大威胁。尽管渔业管理
部门在许多领域采取了一些行动，但成为渔业活动中偶然的副渔获物仍是
造成信天翁和海燕减少的重要原因。

海隆

51. 海隆主要是海水淹没的火山，大部分是死火山，比周围海底高出
数百米到数千米。有的还因构造板块抬升而上升。高出海底 1 000 米以上
的海隆在全球范围内估计不止 10 万座。至少有一半在太平洋、大西洋、
印度洋和北冰洋的海隆数渐次减少。海隆可以影响当地的洋流，通常会带
来足够的有机物，以支持悬浮物摄食生物，如珊瑚和海绵。根据深度和洋
流结构，海隆底栖生物可能主要是周边沉积物覆盖的斜坡或深海平原常见
的无脊椎生物群，或更适合高能量的、以硬基底为主的深水环境的、更特
殊的生物群。上升到中海层或更浅的深度（＜约 1 000 米）的海隆常常有
一个相关联的鱼类生物群，它们适应了摄食增多的流经此高度的浮游动物，
以及每日下沉时遭海隆拦阻的垂直迁移生物。海隆周围已有 70 多种鱼类
被商业化利用。这些栖息地面临的压力来自渔业，今后深海采矿业有可能
以其中一些栖息地为目标。此外，气候变化或许会带来累积性影响。

四、国家管辖范围以外区域海洋生物多样性的裨益

A. 海洋提供的食物

52. 海产品，包括有鳍鱼、无脊椎生物和海藻，是世界各地粮食安全
的重要组成部分。总的来说，海产品为世界人口提供了 17% 的动物蛋白质，

为30多亿人提供了20%以上的动物蛋白质。国家管辖范围以外区域的渔业属于大型商业捕鱼。虽然它们对全球渔获物，尤其是对金枪鱼、旗鱼、鲨鱼和深海鱼类种群的捕捞作出重大贡献，但在小规模（手工）渔业为发展中国家提供食物方面未发挥重要作用。近几十年来，东印度洋、大西洋东中部和太平洋西北部、中西部和东部的海洋捕捞渔业（国家管辖范围内外都有）显著增长。过度捕捞一些鱼类种群，包括以不合法、不受管制和不加报告的方式进行捕捞，正在减少这些种群的渔获量。此外，大多数针对深水物种的捕鱼业发展太快，根本无法提供科学信息和实施有效管理。区域渔业管理组织越来越多地采取有关渔业的养护和管理措施，以专门应对国家管辖范围以外区域海洋生物多样性的可持续性挑战。

B. 海洋遗传资源

53．研究和利用海洋遗传资源是近期才有的活动。海洋遗传资源可从海洋所有层次的区域生物群（从细菌到鱼类不等）中获取。海洋遗传资源对许多行业（医药业（新药）、化妆品、新兴营养品行业、水产养殖（新型高价值高营养的健康食品）和生物医药等）的经济和可持续性具有潜在的重要意义。一般来说，人们注意到，自1990年代中期以来，大型制药公司对开发"来自大海的药物"的兴趣减弱，这可能与全天然产品研究普遍收缩有关。有迹象显示最近出现复苏，但还要过几年才能看得出复苏势头能否持续下去。分析技术（基因测序、生物分子表征）方面负担得起的新进展帮助推动了这一新趋势。在过去十年间，与海洋生物基因有关的专利申请的积累（目前每年增加12%）和已识别的海洋天然产品数量也有增长。截至2011年，这些申请中有70%来自三个国家（德国、日本和美国）。换一个背景来看，可从海洋遗传资源中获取的，不仅仅是医疗用品和药品。例如，海藻是新型防污化合物的重要来源，而且存在着制成海胶的可能性。人们对于国家管辖范围以外区域此类活动的情况知之甚少，但对"马尾藻海"的研究却提供了例子。

C. 与国家管辖范围以外区域海洋生物多样性有关的其他裨益海洋的文化方面

54．国家管辖范围以外的海域远离人类居住区，那些海域的生物多样性与人类之间几乎没有什么文化互动。然而，有几个有意义的方面，如：

（a）波利尼西亚人和美拉尼西亚人仅靠观察星象、野生生物和海洋状况即可远涉重洋，在这方面形成了文化遗产；

（b）鲸鱼和其他海洋哺乳动物的角色，成为世界许多地方因纽特人、美洲西北部的第一民族和美洲原住民、法罗群岛和斯堪的那维亚其他地方、印度尼西亚和日本文化遗产的一部分；

（c）国家管辖范围以外区域的水下历史和考古地点（包括沉船及其自然环境）构成世界水下文化遗产的一部分。

海洋科学研究形成的知识

55．要从国家管辖范围以外区域的海洋环境获得可持续的收益，就需要对这些地区的物理、化学和生物状况及其生态系统功能和对自然变化和人类影响的抵御能力具有好的科学认识。因此，必须在国家管辖范围以外区域进行观察，以监测深海生态系统、其生物多样性结构和功能以及会影响到它们的环境变化。深海观测倡议的主要目标之一在于更好地了解和预测气候变化对相联的海洋——大气层系统，以及对海洋生态系统、生物多样性和群落结构的影响。有一项新的倡议涉及将海底电缆包括重新使用弃用的电缆。并入实时的全球气候和灾害监测系统。

D．利用裨益的机会

56．在世界各地，利用海洋获得的惠益总体上仍然分布极不均衡。能力建设方面的差距妨碍欠发达国家利用海洋所能提供的收益。可持续利用也要求具备处理造成海洋退化之因素的能力。目前从国家管辖范围以外区域生物多样性所获利益方面，体现在以下这一点上面，国家管辖范围以外区域的海洋生物多样性，即最大收益（海洋食品）主要由大型商业捕鱼船队获得。此类船队一般需要一个大型经济体来支撑。就利用海洋遗传资源等其他进展的收益而言，情况大抵也是如此。

五、影响国家管辖范围以外海洋的一般变化／压力

57．由于气候变化和相关大气变化的影响，海洋的主要特征正在发生显著变化。《第一次全球海洋综合评估报告》大量参考了《联合国气候变化框架公约》框架内政府间气候变化专门委员会的工作，以获得与气候变化有关的材料。

A．海洋

58．政府间气候变化专门委员会在其第五次评估报告中重申其结论，

即 19 世纪末以来，全球海面温度已经升高。上层海洋温度（及其热含量）在季节性、年际（如与厄尔尼诺南方涛动有关的变化）、十年和百年等多个时间尺度上均出现变化。在全球大部分地区，1971 年到 2010 年按深度平均的海洋温度表现出变暖趋势。北半球的气候变暖更为突出，特别是在北大西洋地区。按区域平均的上层海洋温度趋势表明，几乎所有纬度和深度都在变暖。但是，由于南半球的海体更大，南半球海域的变暖更增加全球的热容量。

59. 海洋的巨大体积和高热容使它能够储存大量的能量，比同等幅度的大气升温所产生的能量高出 1 000 倍以上。地球吸收的热量比反射回太空的热量更多。这些过多的热量几乎全部被海洋吸收和存储。1971 年至 2010 年之间，海洋吸收了由变热的空气、海水、陆地和融冰存储的所有多余热量的 93%。其后出现的变暖正在导致许多海洋物种越来越多地向两极方向迁徙，并形成造成珊瑚漂白的极端气候事件。

B. 海平面上升

60. 自 1970 年代以来，全球范围的最高海平面极端值很可能已经增加，其原因主要是全球海平面平均值上升。造成这种上升的原因部分在于变暖，导致海洋热膨胀，冰川和极地大陆冰层融化。在过去 20 年中，全球海平面平均值因此每年上升 3.2 毫米，其中约三分之一来自热膨胀。其余的有一部分来自各大洲的淡水通量，其增加原因在于大陆冰川和冰盖融化。

61. 国家管辖范围以外区域的海平面变化主要对于海隆和有关珊瑚丛而言比较重要，因为此类变化会影响到它们与水面的关系。

C. 海洋酸化

62. 大气中二氧化碳浓度上升造成海洋摄取的二氧化碳增加。毫无疑问，海洋正在吸收越来越多的二氧化碳：海洋吸收了二氧化碳排放增量的约 26%。这些二氧化碳与海水产生反应，形成碳酸。海水吸收二氧化碳，会产生一系列化学反应，导致海水 pH 值、碳酸根离子浓度和在生物学上具有重要意义的碳酸钙材料的饱和状态降低。海洋酸化因地而异，但普遍降低了溶解于海水中的碳酸钙量，从而降低了碳酸根离子的供应，而海洋生物形成甲壳和骨骼却需要碳酸根离子。

D. 盐度

除大规模的海洋变暖外，海洋盐度（含盐量）也产生了变化。世界各地的海洋盐度不同，因为从河流、冰川和冰帽融化产生的淡水流入量、降雨量和蒸发量不同，而所有这一切都受气候变化的影响。盐度发生变化表明，盐度高的亚热带海洋区域和整个大西洋盆地的海表盐度上升，而西太平洋等盐度低的区域以及高纬度地区的海表盐度则甚至出现下降。

E. 海洋分层

64．不同海水水体之间的盐度和温度差导致海洋分层，即海水形成多层，相互之间的交流有限。人们注意到，世界各地的海洋分层程度增加，特别是在北太平洋地区，在南纬40度以北更为普遍。海洋分层程度增加导致垂直混合减少，这又影响到深海营养物质进入透光区的数量，致使初级生产力下降。

65．海水变暖会降低氧在表层水中的溶解度。同时，变暖会增加分层，从而减少氧向深水层的转移。这两种效应并在一起，导致海洋大量失氧。这种现象称为"海洋脱氧"。这种损失不是均一的，在北太平洋、亚热带及热带海洋，特别是中等深度（200米—1 000米）最为明显。这一现象多发生在国家管辖范围以外的区域，影响到生物多样性和物种分布，因为它减少了不适宜在低氧环境中生存的物种群组（如一些金枪鱼和旗鱼以及深海鱼类）栖息的生境。

F. 海洋环流

66．由于海洋不同部分的热量改变，整个海洋的热分布差异模式（如厄尔尼诺—南方涛动）也在第一次全球海洋综合评估技术摘要中指出了变化。有证据表明，开阔洋上的全球环流正在改变，对物种分布具有潜在的影响并有可能带来其他后果，如在气候格局方面。

G. 海洋生产力方面的变化

67．在开阔洋，气候变暖也将导致一些开阔海域的海洋分层程度增加，并减少初级生产或导致生产力转向更小的浮游植物物种（或导致对这两个问题／事情产生影响）。这将改变向食物链其他部分输送能源之效率，使开阔洋主要地区（如沿赤道太平洋）产生生物变化。

68．据预测，根据某些气候变化假设，高达60%的现有海洋生物量可能会受到正面或负面的影响，从而干扰许多现有的生态系统的服务功能。例如，对温度要求高的物种（如鲣鱼和蓝鳍金枪鱼）的建模研究预测，其分布范围会产生重大变化，生产力或也降低。

H. 高纬度地区海冰的损失

69. 高纬度地区被冰雪覆盖的生态系统拥有对全球具有重要意义的各种多样性生物。这些生态系统的规模和性质使它们对生物圈的生物、化学和物理平衡极为重要。这些生态系统的生物多样性已经形成惊人的生存能力，能够在极端寒冷和变化无常的气候条件下生存。

70. 冰藻群落是极地地区独有的，在系统动态中起着特别重要的作用。北冰洋的生物生产力相对较低，据估计，在终年被冰层覆盖的北冰洋中部地区，冰藻占初级生产的 50% 以上。南大洋也正在经历海冰损失，随着海冰覆盖的减少，冰藻群落将会萎缩。此种萎缩会对该地区的关键性物种—磷虾（Euphausia superba）产生严重影响。

六、人类活动对国家管辖范围以外区域海洋生物多样性造成的具体压力

A. 渔业

71. 渔业是国家管辖以外区域远洋带生物多样性面临的最大压力。捕捞渔业通过一些不同的机制影响海洋生态系统，这些机制包括：

（a）大量捕捞可将目标鱼群的规模减少到难以持续的程度，并可消除独特的地方种群；

（b）捕捞可人为地选择不同的身体特征和生殖性状，导致鱼群和物种由较小的早熟个体组成；

（c）由于副渔获物或幽灵捕捞（困在被遗弃的渔网中的生物）的关系，捕捞可能会影响非目标物种的种群。据估计，每年延绳钓渔业的副渔获物会杀死属于 70 个物种的 160 000 只至 320 000 只海鸟。采取了管理行动后，副渔获量大幅减少；

（d）捕捞可以影响捕食者与猎物关系，这可能导致在捕捞压力消失时，群落结构回复不到原始状态而产生变化（称为替代稳定状态）；

（e）捕捞可减少栖息地的复杂性，拖网捕捞可能扰乱海底（底栖）群落。

B. 有害物质的排出和排放

72. 有害物质包括重金属和持久性有机污染物。这些物质从陆地排入水道，大量进入海洋环境中，对海洋生物群产生有害影响或潜在的有害影响。这些物质排入空气中，也会导致对海洋产生有害或潜在的有害投入。

从陆地经大气层的过程对国家管辖范围以外区域来说是最重要的。危险物质可以长时间处于悬浮状态，因而得以去往远方。对重金属和其他有害物质在这些地区存在的观察非常有限。现有资料主要集中在北大西洋地区，对于印度洋和大西洋南部及太平洋南部，几乎未作评估。

73．然而，现有证据并不表明，国家管辖范围以外区域的重金属含量已达到被认定可能对人类或生物群造成不利影响的程度，但汞除外。在过去两个世纪，大气中汞含量大约增加了两倍。这导致海洋的汞含量可能翻了一番。然而，在一些开阔洋地区（如百慕大附近），1970年代初至2000年，海水中的汞含量已经下降。然而，一些物种肉中的汞（包括天然来源）含量之高，甚至给食用大量海鲜的人带来风险。深海鱼类体内的汞含量比同营养级水表层鱼类高出数倍。海隆上的一些长寿鱼，如橙罗非鱼和黑天竺鲷，其汞含量接近通常被认为人类不能安全食用的水平（约0.000005%）。人类活动也导致排入大气中的铅和镉的量增加，但在这些情况下，尚无证据表明会产生毒性影响。

74．对于持久性有机污染物而言，毫无疑问，它们可以通过大气层输往远方。然而，关于持久性有机污染物在开放海域沉积量及其可能的影响的具体资料非常有限。据估计，深海鱼类中持久性有机污染物含量可能比水表层鱼类高出一个数量级。有人把深海称为持久性有机污染物的全球终极污水坑。

C．陆上和沿海开发

75．海鸟和一些海洋爬行动物和哺乳动物在陆上繁殖或使用沿海地区进行繁殖或育幼，但其活动区域则超出国家管辖范围。实体开发，或游客过多，可能会破坏这些繁殖区和育幼区。在全球范围内，开发沿海地区的动力很多；虽然全球信息很少，但区域数据显示，海岸线附近地区进行城市化开发的比例迅速增长。

D．处置固体废物

76．过去，固体废物都是倾倒在国家管辖范围以外的区域。向《防止倾倒废物和其他物质造成的海洋污染公约》（《伦敦公约》）及其《1996年议定书》报告的倾倒固体废物行为，现在完全属于国家管辖范围之内。不幸的是，提交报告的国家的比例已降至缔约方的50%还不到。不清楚这是因为没有发生倾倒行为，还是仅因为不报告所致。

77．在 1950 和 1960 年代，有些具有核工业的国家将低放射性废物倾倒在国家管辖范围以外区域。《伦敦公约》及其《议定书》现在禁止一切倾倒放射性废物的行为。《公约》和《议定书》对历史上倾倒放射性废物的情况进行监测，没有发现任何不利的影响。

E．海洋垃圾

78．海洋垃圾在所有海洋生境都有。据估计，海洋垃圾的平均密度为每平方千米 13 000 件至 18 000 件。但是，据 1986 年至 2008 年北大西洋和加勒比海塑料积聚情况的数据显示，密度最高的地方（每平方千米 200 000 多件）是国家管辖范围以外的区域，处在两个或两个以上洋流的汇聚区。计算机模拟推演确认，垃圾将随洋流移动，并往往积聚在国家管辖范围以外的、为数有限的几个亚热带汇合区或涡旋。

79．塑料是记录到的最常见垃圾，约占海洋垃圾总量的 60% 到 80%。其中有些是大块的——大小要以米为单位来计量，能够带来缠绕等问题。然而，塑料微粒（大小不超过 5 毫米）以及更小的纳米颗粒（大小不超过百万分之一毫米）越来越令人关切。过去 40 年中，北太平洋中央环流内的塑料微粒密度增加了两个数量级。人们认为，入海的大多数海洋垃圾（约80%）来自陆地。

80．纳米颗粒来源不一：有用于各种工业流程和化妆品的纳米颗粒，有被分解的海洋垃圾、有随废水排出的人造纤维碎片、也有陆上废料处理场的渗透物。纳米颗粒似乎会减少浮游动物和滤食性生物的初级生产和食物摄取。纳米颗粒的威胁程度不得而知，须作进一步研究。

F．采矿

81．目前，矿产资源（既指碳氢化合物，也包括其他矿物）的开采完全在国家管辖范围内进行。然而，已对国家管辖范围以外区域一系列金属进行了勘探，也许很快就会开始开采。虽然商业性的深海采矿工作尚未开始，但一段时间以来，三大主要深海矿床类型（海底块状硫国家管辖范围以外区域的海洋生物多样性化物矿床、多金属结核和富钴结壳）已成为人们的关注点。海底块状硫化物矿床的经济利益在于其中含有丰富的铜、锌、黄金和白银；多金属结核，在于其中含有锰、镍、铜、钼和稀土元素；铁锰结壳，在于其中含有锰、钴、镍、稀土元素、钇、钼、碲、铌、锆和铂元素。

82. 国际海底管理局管理"区域"深海采矿事宜。它已签订了为期15 年的深海海底多金属结核、海底块状硫化物和富钴铁锰结壳勘探合同。2012 年，通过了克拉里昂—克利珀顿断裂带环境管理计划。目前，正在制定关于开采这些矿产资源的条例草案。

83. 在"区域"内开始进行深海采矿的决定，将部分取决于这些金属陆上来源的可用量及其世界市场价格，和基于深海采矿系统的资本和运营成本及遵守环境要求所需费用的技术和经济考虑。

84. 国家管辖范围以外区域的碳氢化合物勘探还没有真正开始，但已考虑到将油气勘探扩展到甚深水域（＞1500 米）。今后这一活动是有可能扩大到国家管辖范围以外区域的。

G. 用地质工程学方法固存二氧化碳

85. 通过刺激海洋的初级生产来固存二氧化碳的想法，已经讨论过。因此，在国家管辖范围以外的区域也有可能出现此种发展。2008 年依照《伦敦公约》及其《1996 年议定书》通过了一份决议，其中，把海洋施肥活动列入了《伦敦公约》及其《1996 年议定书》的范围。该决议规定，除正当的科学研究外，不应准许任何此类进程。

86. 二氧化碳固存的另一种形式是将该气体置于海底以下的地质构造中。其意图在于将二氧化碳永久保存在此类地质构造中，以防止人类活动所产生的大量二氧化碳流入生物圈。目前似乎无意在国家管辖范围以外区域推行此进程。

H. 海运

87. 船只航行时，正常作业和发生海难时都会排放出油污。此类排放也发生在国家管辖范围以外区域。过去 40 年来，在减少日常排放和避免海难方面取得了重大进展。但某些区域因为航道交通繁忙，海运集中于此，人们对此仍十分关注。但是，这几乎都是在国家管辖范围之内。在国家管辖范围以外，人们只是在一个海域（好望角以南水域），观察到了海洋生物群与船舶排油之间的相互作用。

88. 到 1990 年代初，在世界某些地方，船舶排放温室气体显然成了一个令人关切的问题。1 997 年对船舶排放的全球氮氧化物总量的估计显示，这一总量相当于北美排放量的 42% 和欧洲经济合作与发展组织成员国家排放量的 74%。此种排放多发生在国家管辖范围以外区域。1997 年，通过了《经 1978 年有关议定书修正的 1973 年国际防止船舶造成污染公约》（《防止船污公约》）的新附件（《附件六》），以限制船舶废气所含的主要空气污染物，包括氮氧化物和硫化物。该附件于 2005 年生效，2008年又作修订，以便在 2020 年前逐步减少全球氮氧化物、硫氧化物和颗粒物的排放量，并规定排放控制区，以在指定海域进一步减少空气污染物的排放。

89. 海运对国家管辖范围以外区域海洋环境的另一大影响来自船舶产生的噪声。海运产生的噪声是海洋环境中分布最广的人为噪声，也是国家管辖范围以外区域噪声的主要来源。对海洋环境声音的长期测量表明，低频人为噪声增多，主要是由商业海运所致。人们了解到，多种海洋生物受海洋人为噪声的影响。

I. 海底电缆和管道

90. 过去 25 年来，海底电缆已成为世界经济的重要因素。它们占洲际互联网流量的 95%，占其他国际互联网流量的一大部分。目前海底电缆线路长度约 130 万千米，其中大部分位于国家管辖范围以外。然而，由于电缆直径很小，加之在水深超过 1 500 米的海域，电缆就是径直摆放在海床上。人们没有发现它对海洋环境造成了重大干扰。目前，国家管辖范围以外区域未铺设管道。然而，似乎可以肯定的是，海底采矿开始后就会需要铺设此类管道。此种管道如因断裂或自然灾害而出现泄漏，可能会对海洋环境造成重大损害。

七、结论

91. 海洋面临的最大威胁是不能迅速处理上述多重问题。海洋的很多水域，包括国家管辖范围以外的一些区域，已严重退化。如果不解决这些问题，就存在这些问题累加起来产生破坏性退化循环的重大危险，使海洋不再能提供人类目前从中享受的许多惠益。

海底电缆与国家管辖外区域生物多样性

郑苗壮，刘岩，裘婉飞

海底电缆对现代世界经济生活和社会结构至关重要。它们是连接互联网的国际通道。海洋的其他活动，如航运、捕鱼和采矿等，都不可能在利用海洋的同时，不对海洋环境造成负面影响。而海底线缆铺设及维护对海洋生态系统的影响轻微，对促进海洋可持续发展至关重要。

海底电缆铺设在洋底的表面，而非埋在海底底土内，与频繁的、长时间作业的渔业捕捞和海上运输活动相比，电缆铺设是一种短暂的、非经常性作业活动。从世界范围看，海底电缆的寿命通常在 20-30 年。在国家管辖外区域的海底电缆，平均每年维修 4 次。海底电缆采用的光纤电缆由惰性材料构成，根据铺设海底光纤电缆的环境影响报告，海底电缆对环境产生的负面影响小，还没有为铺设光纤电缆采取额外的风险预防措施。与海底输油管道不同，海底电缆损坏时不会对海洋环境造成严重油污损害，只是丧失传输信号。电缆铺设路线选择时，也尽可能避开海洋自然灾害（如滑坡、浊流、活火山、休眠火山、海丘和强劲的海流等）的高发区或多发区。

根据（《公约》）规定，在遵守第 192 条和第 206 条的前提下，可自由铺设和维护国际电缆，[①] 但《公约》对海底电缆与船舶作业、深海采矿

---

① 《公约》第 192 条一般义务，各国有保护和保全海洋环境的义务。《公约》第 206 条对各种活动的可能影响的评价，各国如有合理根据认为在其管辖或控制下的计划中的活动可能对海洋环境造成重大污染或重大和有害的变化，应在实际可行范围内就各种活动对海洋环境的可能影响作出评价，并应向主管国际组织报送评价结果。

和海底管道铺设等活动之间保持合理的平衡没有作出明确规定。海底电缆和公海保护区并非相互排斥，在公海保护区内已铺设了海底电缆。

一、海底电缆与海洋可持续发展

海底电缆作为重要的通信基础设施和工业化直接组成部分，是国际电信系统的支柱，在提供数据和信息接入方面发挥了重要作用，对全球经济增长极为重要。全球98%以上的国际互联网、数据和电话通信应用海底电缆。截至2012年，世界上只有22个国家和地区未接入光纤，其中有多个国家正进行海底电缆铺设项目。

现代海底光纤可以低成本传输巨量数据，这让成本较高且传输能力有限的卫星相形见绌，世界各国对其的依赖性持续增长。例如，一根横跨大西洋的电缆传输能力已在25年里提升了10万倍。据估计，到2020年，将有40亿人与网络相连，并将创造4万亿美元的收入，这些连接几乎完全依赖国际海底电缆。世界银行估计，宽带互联网接入每增加10%，全球国内生产总值将会增长1.38%。

二、海底电缆与国家管辖外区域海洋环境

（一）国家管辖外区域的环境背景

国家管辖外区域占地球表面的39%，约2.3亿平方千米，水深一般超过3688米。在国家管辖外区域的海底电缆通常穿过由深海平原和丘陵、大于陆地脊的山脊、高原和无数海底火山或海山等组成的海底区域。自然灾害风险和活火山是电缆路径选择的两个主要因素。自然灾害的分布和发生频率因地质、气候和海洋学的条件而不同，地壳构造板块碰撞区域最危险。板块碰撞最频繁的区域是环太平洋火山带，加勒比、东北印度洋和地中海地区板块碰撞相对频率较低。

地震多发区的陆缘容易发生海底滑坡而形成浊流，流速可达68千米/小时，并通常沿着海底峡谷和海槽前进几百千米。在海底滑坡高发区上铺设电缆，则可能容易受到浊流的破坏。活海山附近可能受到熔岩流、热水喷口、地震或火山引发的山体滑坡、泥石流等威胁。死海山的风险较小，但存在崎岖地形引发浊流加速的风险。冰山、海冰、风暴潮和海啸的影响主要发生在近岸海域和大陆架，影响最小，除非产生的浊流流到国家管辖

外区域。

（二）海底电缆对国家管辖外区域的环境影响

1. 海底电缆的物理和化学性质

在国家管辖外区域海水深度较深的情况下，船舶抛锚和海底拖网捕鱼活动不会对国家管辖外区域的海底电缆造成直接损坏，不需在海底进行保护性掩埋，从而最大程度地降低了对底栖环境的干扰。在水深超过1500-2000米的区域，海底电缆的直径通常为17-22毫米，普遍采用小直径"轻量级"设计，物理足迹很小。轻量级电缆是由一个带有钢丝芯（用于增加强度）的高级海洋聚乙烯管，一个为声学中继器提供电源的铜导体和用于通信的玻璃纤维构成的电缆。轻量电缆采用的是惰性化学材料，无需涂装防护剂和防污剂。

2. 海底电缆与自然灾害

1959—2008年所发生的2162起海底电缆事故，大多数集中在欧洲、东亚、东南亚和北美东海岸深度小于200米的大陆架，其中60—70%是由于人类活动造成的，尤其是渔业和航运活动。因电缆组件故障而引起的电缆故障小于5%，而海底滑坡等自然灾害引起的故障少于电缆故障总量的10%，且多发生在水深超过1200米的区域。在国家管辖外区域海底电缆事故率平均为4起／年，由自然灾害引起的电缆故障次数很少。马尾藻海区域电缆故障分析报告显示，在2008—2015年期间发生的3次电缆故障，都是在死火山附近的磨损造成的。

深海电缆故障多由自然灾害导致，包括海底滑坡和由其引起的浊流。2003年福莫萨岛和2006年阿尔及利亚附近海域发生的地震分别导致29起和22起电缆断裂事故。在近岸海域，河流入海夹携泥土的洪水急速冲入海底并沿海底运动，也会造成破坏性的浊流。每年地壳构造板块碰撞区域都会产生毁坏电缆的浊流，但对国家管辖外区域海底电缆影响不大，因为发生山体滑坡和浊流的主要区域为专属经济区内的大陆坡，而流入国家管辖外区域的浊流的流速较低，一般不会对海底电缆构成威胁。

电缆路线规划时尽量避免容易发生滑坡和浊流的区域，如海底峡谷和海槽等，但现实中不可能完全避免。环太平洋地区分布着东京、旧金山、洛杉矶和圣地亚哥等城市，这些城市都依靠海底电缆所提供的服务。海底电缆必须穿过环太平洋的危险边缘地带，至少有17根光纤电缆穿过高度

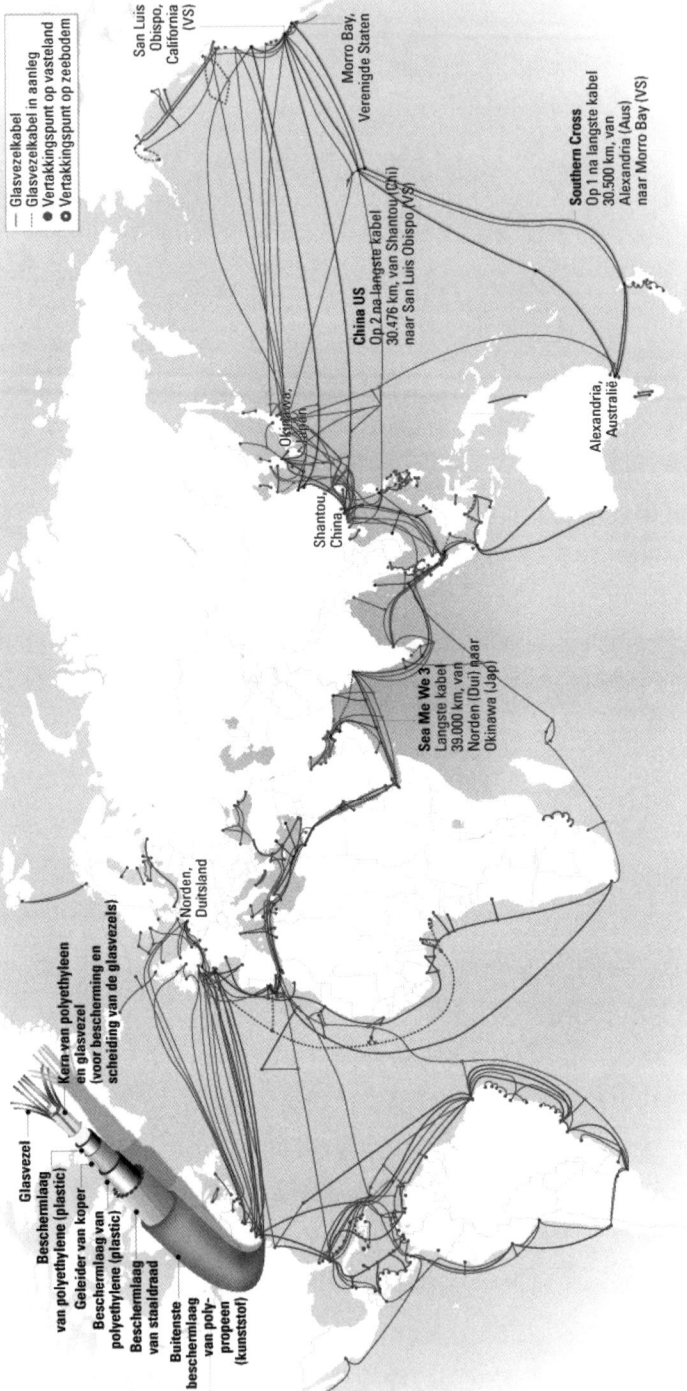

图 1 全球海底电缆分布图

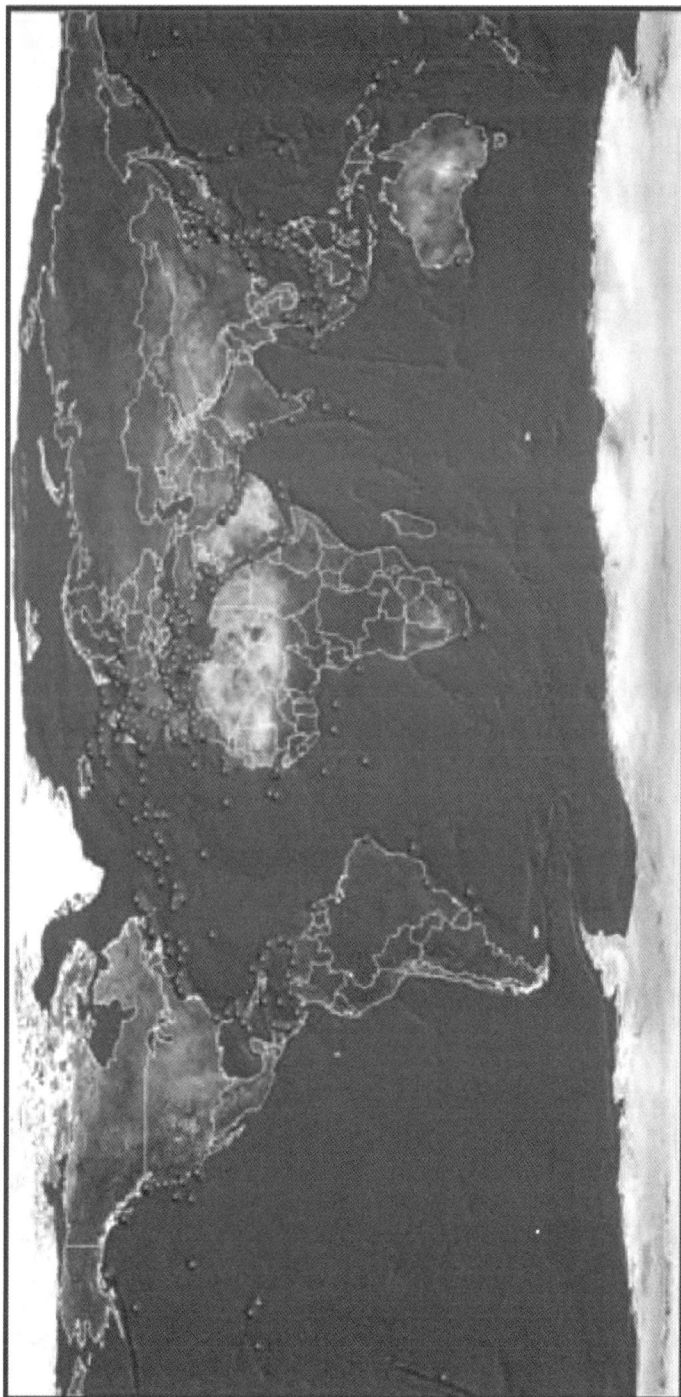

图 2 1959—2008 年发生的海底电缆故障分布图

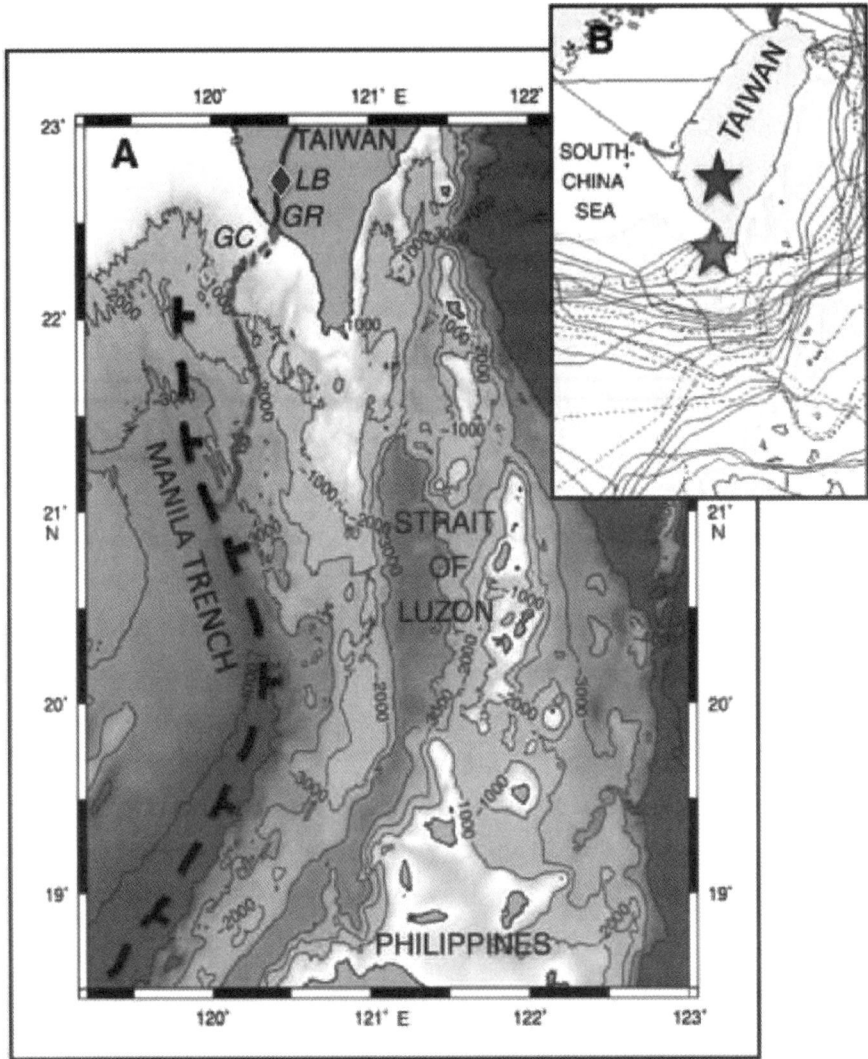

图3　在吕宋海峡和马尼拉海沟铺设的海底电缆

活跃的吕宋海峡谷底和邻近的马尼拉海沟，这些电缆把东南亚与世界各地相连。

　　电缆路线规划也要避开火山喷发活跃的海山和海脊区域。电缆所面对的主要威胁来自崎岖的地形以及由于深谷和死火山或活海山陡坡而使得流速加快的局部水流。如果电缆在粗糙的岩石地域悬浮，强劲的海流可能会导致电缆摆动或颤动，从而引起悬浮点电缆故障。

3. 海底电缆的运行

电缆的设计使用寿命通常为20—25年，随着信号处理技术的改进，现有电缆的使用使命可长达30年。无论寿命是20年还是30年，电缆铺设是短暂的、非经常性的、负面影响很小的活动，与重复性或长时间商业捕捞、石油和天然气开采以及海底采矿等活动明显不同。

国家管辖外区域海底电缆维护作业频率低，会造成暂时性的海洋环境影响。在维修时，需要拖曳一种专门用来固定并剪切电缆的抓钩，固定的一端被带到海面并绑在海面浮标上，然后用抓钩回收另一端电缆，在电缆两端之间插入或拼接一段新的电缆。在回收过程中海底会在短时间内受到干扰。抓钩可能会对1米宽、几千米长海底区域造成扰动，实际扰动范围取决于海底地质情况。

4. 海底电缆与海洋生物

电缆对海洋生态的影响很小，铺设电缆和没有电缆的海底在生物丰度和多样性方面没有差异。2004年在对蒙特利湾铺设的一根光纤／电力混合电缆前，以及铺设后的2007、2010和2015年的测监测结果显示，电缆开始运作后鳐和鲨鱼以及其他大于1毫米海洋生物在丰度和分布情况几乎没有因为电缆的存在而发生任何变化。

在20世纪50年代以前，在大陆架边缘发现有鲸鱼，特别是抹香鲸被老旧海底电报电缆缠住的现象。随着同轴电缆和光纤系统设计的改进以及铺设和维修程序的完善，之后再也没有发生过电缆缠住鲸鱼的情况。国家管辖外区域水深一般超过2000米，这是抹香鲸的潜水极限。在电报电缆和光纤电缆年代，通信电缆曾经因受鱼类（包括鲨鱼）的啃咬而损坏。从1901年至1957年，至少有28根电报电缆因此而损坏。在1959至2006年期间，约有11根电缆，包括同轴电缆和光纤系统，因遭到鱼类啃咬损坏而需要修理。2007至2015年随着电缆设计的改善，未发生过鱼类啃咬造成的电缆故障。

三、国家管辖外区域海底电缆管理的国际法

（一）海底电缆的便利管理

海底电缆造成的海洋环境影响小，且对各国经济社会发展极其重要，在BBNJ国际协定中制定关于海底电缆铺设与维护的规定，或使其受制于

BBNJ 国际协定有关新的监管机构，可能会对世界经济社会发展增加不确定性。海底电缆业的首要任务是保持海底电缆系统的完整性和快速恢复性。在 BBNJ 国际协定中设立新的制度安排，是否破坏《公约》关于传统铺设和维护电缆自由的规定，以及对电缆网络的可靠性造成不利影响。在海底通信电缆可靠性和快速恢复性方面，应着重考虑以下几点：

（1）电缆对海底环境影响轻微。在国家管辖外区域海底电缆被铺设在平坦的海底表面，而不是掩埋起来。为避免对潜在生物"热点"或生物多样性关键区域造成损害，电缆不会铺设在海山顶部或侧面，以及活跃的火山区。

（2）全球海底电缆网络约有236个活跃的独立、分散的国际电缆系统，长度共计997336千米。电缆系统归4—30家独立公司所有，约99%的国际通信电缆非政府所有。电缆系统并未"标记"归属于任何国家。

（3）国家管辖外区域内电缆维修是根据企业合同而非政府指令来开展。相关合同要求修理船只必须在收到电缆故障通知后的24小时内起航，以达到快速响应与修复的目的。

（二）海底电缆与其他海洋活动的协调

1. 船舶航行和海底管道

在公海铺设和维护电缆的自由并非不受限制，要避免采取有损其他电缆或管道修复的行为，对任何最初铺设的电缆或穿越的管道所造成的损害要予以赔偿；船舶由于过错而使其装备与电缆缠绕在一起，对海底电缆造成损害的应该予以赔偿；在公海行使自由权利和开展相关活动时，要充分顾及其他国家的利益。

大多数重大电缆故障都发生在国家管辖内区域，约72—86%的电缆事故都来自于渔业捕捞活动以及与船锚的接触。海底电缆界在过去167年中制定了与渔业和航运业合作与协商的方法，包括制图、教育和联络以及其他技术，用以管理并降低此类风险。通过适当的国内立法及国家海事法院的法律救济措施，以对威胁或损害国际海底电缆基础设施的恶意疏忽或故意行为（不包括恐怖主义）进行索赔。

需要注意的是，损害的通讯电缆不会造成海洋污染，只会造成通讯中断。根据相关行业惯例与实践，当其他拟开展的活动要穿越其他电缆或管道时，通常允许以常规、安全以及以无冲突的方式进行。就渔业和航运而言，目前《公约》中关于海底电缆和管道穿越的实践和保护是恰当和充分的，双方的合作与协商是高效的，而制定额外补充条款或请示更高的监管机构值得进一步研究。

联合国关于海洋和海洋法决议① 呼吁各国按照《公约》和相关国际法的规定，采取措施来保护海底光纤电缆，并彻底解决与这些电缆有关的问题；鼓励各个国家按照"公约"和国际法的规定，制定相关法律法规来惩罚那些悬挂其国旗的船舶或在其管辖权范围内的个人对公海区域内的海底电缆或管道进行蓄意或因重大过失而实施的破坏或损害行为；强调按照《公约》和国际法的规定进行海底电缆维护（包括修复）的重要性。

2. 深海海底采矿

海底电缆界在行使电缆铺设和维护的自由时，还要进一步遵守相关义务，即"适当考虑本公约中关于在本地区开展活动的规定"。在此方面，国际海底管理局已发布的第 14 号技术研究报告《海底电缆和深海采矿：促进共同利益和处理海洋法公约"适当考虑"义务》中指出电缆业主、采矿承包商以及国际海底管理局在启动相关活动前，有事先在其内部进行通知和有意义协商的共同义务。自 2010 年以来，国际海底管理局已与国际电缆保护委员会（ICPC）根据谅解备忘录进行了有成效的合作，以解决现实情况下的"适当考虑"程序。相关方根据《公约》中的现行规定以及海底电缆界在国家领海内处理类似穿越情况中所采用的习惯与惯例，将以专业的方式解决与这些系统或未来与采矿作业和其他电缆系统间的冲突问题。

（三）海底电缆与国际法

《公约》是国际海底通信的法律基础。根据《公约》第 87 条、第 112—115 条，各国铺设海底电缆自由，有权在国家管辖外区域铺设海底电缆，对破坏或损害海底电缆的行为予以处罚以及承担相应的修理费用。全球小型电缆船队受到其船旗国以及港口国和沿海国的管辖。国际海底电缆不论是在沿海国家的境内铺设或通过其领海，各国已通过国家立法形式对海底电缆作出了充分规定。国际海底电缆管理和治理制度运转良好，在 BBNJ 国际协定中设立专门管理海底电缆的监管机构是否有必要？

---

① UNGA Resolution A/RES/70/235.

在国家管辖外区域海底电缆直径的物理足迹只有 17—22 毫米，光纤电缆的总长度约 31.4 万千米，在海底的总覆盖面积 6.9 平方千米。国家管辖外区域面积约 2.3 亿平方千米，现有电缆覆盖面积约占国家管辖外区域总面积的 0.00002% 左右。铺设海底电缆已有长达 167 年的历史和实践经验，海底电缆还没有对海洋生物或海洋环境造成重大损害或不可挽回损失的记录。已报废的电缆可用作人工鱼礁，或重新用于海洋环境监测。

联合国秘书长在海洋与海洋法报告决议中总结了关于国际海底电缆和海洋环境方面的基本观点：海底电缆本身的碳足迹以及对海洋环境的影响很小，影响最大的是在对海底电缆维护时使用的电缆船舶，海底电缆可为灾害预警和应对气候变化做出积极贡献。[①] 相关国际组织、科学审查进程的研究报告也表明海底电缆对环境的影响轻微。2009 年，联合国环境规划署（UNEP）、世界保护监测中心（WCMC）和国际电缆保护委员会发布的《海底电缆与海洋：联通世界》报告中指出，光纤电缆对海洋环境的影响是中性轻微的。2014 年，Burnett 和 Beckman 等人编写的《海底电缆：法律和政策手册》中对海底电缆的低碳足迹再次予以肯定，并强调在实践中只要在电缆线路调查过程中识别出要绕开的脆弱海洋生态系统，海底电缆铺设就可以避免造成较大的海洋环境损害。2015 年，国际海底管理局在第 14 号技术研究报告中指出，"海底电缆的碳足迹在减少"，而且"它们对海洋环境的影响较小，甚至可以说微不足道"。2016 年，全球海洋评估进程第 1 次评估报告指出，海底通信电缆对环境影响很有限，还强调海底电缆对社会经济发展的重要性以及 ICPC 在确保海底电缆安全以及进一步降低海底电缆对环境的轻微影响方面所发挥的作用。

《公约》规定自由铺设和维护国际电缆是现代互联网的核心命脉。《公约》中保护和保全海洋环境的规定，足以保护海洋环境免受尺寸较小的、化学性质为惰性的海底电缆所造成的几乎不存在的或者非常小的环境风险。风险预防方法（precautionary approach）最初作为当科学不确定性时（气候变化）所拟定采用的一种行动方法，凡有可能造成严重的或不可挽回的损害的地方，不能把缺乏充分的科学确定性作为推迟采取防止环境损害行动的理由。不确定性是一定会存在的，风险预防方法的滥用已成为

---

① UNGA Resolution A/70/74.

阻碍海洋创新的指导工具，不应机械地把风险预防措施当作调整既定国际电缆运营状况和路线的依据。

1. 海底电缆的海洋环境影响评价

在国家管辖外区域的海底电缆铺设及维护，受《公约》第206条"活动潜在影响评估"的规范。根据第206条的规定，如果一个国家有合理理由认为在其管辖或控制下的拟定活动可能会对海洋环境造成重大污染或重大有害变化，该国家应尽可能评估此类活动对海洋环境的潜在损害。因此，电缆船的船旗国或拥有或经营国际海底电缆业务的企业所属国根据"合理依据"，"对海洋环境造成重大污染或重大有害变化"时，应有权委托相关机构开展海洋环境影响评价，并根据其结果作出决定。

海底电缆不会造成"海洋环境污染"，且实际上也没有造成此类污染。现代光纤电缆是一种惰性物质，一般不会对海洋生物多样性造成重大有害影响，也不会导致海洋环境产生"重大污染或重大有害变化"。《海底电缆与海洋：联通世界》报告中强调，海底电缆作业很少进行海洋环境影响评价，这种评价通常仅限于沿海国的领海。欧盟《关于计划和规划的环境影响评价指令》没有明确强调要对电缆铺设项目开展环境影响评价。

深海缺乏比较海洋变化的环境基线，在国家管辖外区域就海底电缆铺设项目开展海洋环境影响评价，从技术角度看不具有可行性，从经济角度看也不符合成本效益。如果沿海国家要求对海底电缆项目进行海洋环境影响评价，可能需要花费数年的时间。在铺设新的电缆时，由于海洋环境影响评价所造成的延迟将会有损项目的可行性和经济性。项目在符合预算、财务和时限要求的情况下，要依靠创新和灵活度来满足日益增长的数据需求。铺设海底电缆活动并不会带来重大损害，没有必要为国家管辖外区域的海底电缆作业，特别是紧急维修，而增加新的义务。

2. 海底电缆与公海保护区

电缆业界所指的公海保护区包括联合国粮农组织选划的脆弱海洋生态系统（VME）、国家海事组织指定的特别敏感海域（PSSA）或区域环境保护组织设立的公海保护区。从实践来看，在公海保护区内铺设海底电缆并没有对海洋环境造成重大损害。事实上，在电缆保护的区域内有利于鱼群聚集，是理想的海洋生物资源养护区域。大部分海底电缆是沿着久经验证的早期电报路径铺设的。沿着这些路线铺设海底电缆经验证对环境的影响较低，自然灾害风险也较低。新的公海保护区可以包括现有电缆线路，海底电缆与公海保护区互不排斥。

表 1　在公海保护区内铺设的海底电缆

数据描述	国家管辖外区域
国家管辖外区域海底电缆系统总数	150
公海保护区海底电缆系统总数	22
穿越公海保护区的海底电缆比例	15%
国家管辖外区域海底电缆总长	31.4 万千米
公海保护区海底电缆总长	5362 千米
公海保护区海底电缆总长比例	1.7%

OSPAR 宣布在东北大西洋设立公海保护区时，并没有与海底电缆利益相关方进行任何协商。然而到目前为止，上述海域保护区并没有对海底电缆造成任何影响，对海底电缆系统的铺设和维修也没有造成任何不利影响或限制。同样，公海保护区成为国际海底电缆的"禁区"或"受限区"，或对现有电缆的维修造成延迟或损害。

四、结论

自《公约》生效以来，国际海底电缆铺设和维护自由得到良好的保障。在 BBNJ 国际协定中补充《公约》中关于海底电缆的规定，可以不增加任何新的或额外的环境影响评价和公海保护区要求。在 2001 通过的《水下文化遗保护公约》，考虑到海底电缆从未威胁或破坏水下文化遗产时，把禁铺海底电缆从该公约中删除。同样，大量的科学证据表明海底电缆对海洋环境影响很小，海底电缆足迹小，有助于减少温室气体，并对海洋环境没有直接的负面影响。是否在 BBNJ 国际协定中对海底电缆作出类似规定或作同样处理，及把海底电缆从国际协定中排除。这是值得进一步探讨的。

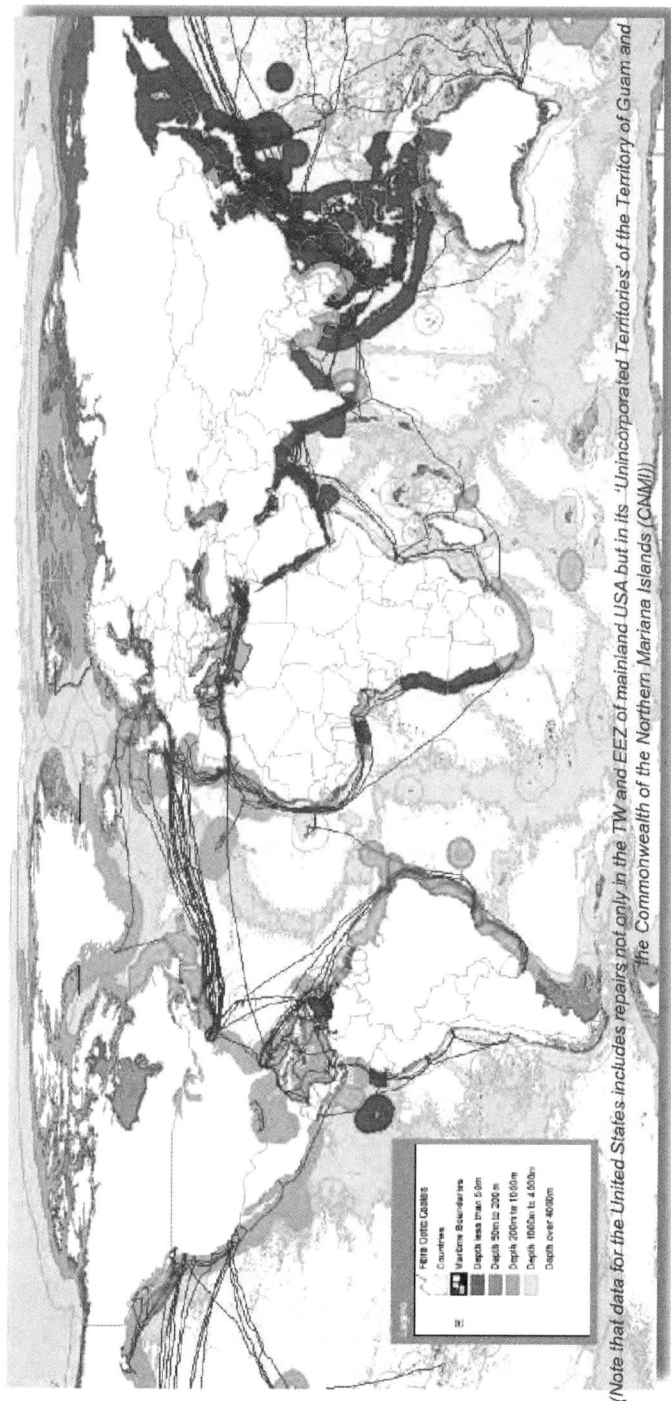

(Note that data for the United States includes repairs not only in the TW and EEZ of mainland USA but in its 'Unincorporated Territories' of the Territory of Guam and the Commonwealth of the Northern Mariana Islands (CNMI))

绿色区域为少于 5 天　　橙色区域为 5~10 天　　红色区域为 10 天以上

图 4　2008—2015 年海底电缆维护区域及完成时间

国家管辖范围以外区域海洋生物多样性
问题特设工作组磋商进程回顾及其焦点问题

郑苗壮，刘岩，裘婉飞

一、特设工作组磋商进程概述

自 2004 至 2015 年，历时 11 年，联大 BBNJ 养护和可持续利用问题不限成员名额非正式特设工作组（简称"特设工作组"）共召开 9 次会议，概括起来可以分为三个阶段。

（一）探索阶段（2004—2010 年）

2004 年联大第 59/24 号决议决定设立 BBNJ 养护和可持续利用问题不限成员名额非正式工作组，专门研究 BBNJ 养护及可持续利用问题，以推动各方面的合作与协调。2006 年在联合国总部召开了特设工作组第 1 次会议，确认联大作为有权对海洋和海洋法问题进行审查的全球机构，在 BBNJ 养护及可持续利用方面发挥核心作用，其他组织、进程及协定在各自主管领域也起着重要补充作用；UNCLOS 为海洋内一切活动的开展规定了法律框架，任何与 BBNJ 养护和可持续利用有关的行动都必须遵行其法律制度，若干其他公约及文书对该 UNCLOS 起到补充作用，共同为 BBNJ 养护和可持续利用提供了现行框架。本次会议完整阐述了 BBNJ 涉及的相关问题，包括法律框架、渔业捕捞、海洋遗传资源、公海保护区、海洋科学研究等。

77 国集团、欧盟、美俄日等国之间就上述问题存在严重分歧，第 1 次会议的讨论内容为后续会议奠定了基础，也基本形成了不同主张的阵营。77 国集团为代表的发展中国家更多地关注海洋遗传资源的惠益分享，主张建立新的或者在现存国际海底管理局的管理体制基础上解决这一问题，同时还认为 BBNJ 问题不存在管制缺口，是因为现有国际文书和国际机制的执行不力。欧盟为代表的海洋"环保派"国家更多是关注创设公海保护区、环境影响评价管理和运行机制，主张就 BBNJ 相关问题应采取短期和中期的一系列解决方法，包括消除破坏性捕捞活动、IUU 捕捞活动和副渔获物，扩大区域渔业组织的地理覆盖范围，加强船旗国管辖和港口国管制，创设环境影响评价指导规则，以及在 UNCLOS 框架下建立国际文书填补管治缺口，建立完整的、连贯的、全面的法律框架。美俄日为代表的海洋利用派国家，坚持"先到先得、公海自由"，强调在 BBNJ 问题上并不存在管治缺口，应在现有机制和框架内解决。积极维护目前相对宽松的国际制度，希望依靠海洋科技手段垄断海洋遗传资源的获取和利用，坚决制定新的国际文书。

特设工作组第 2 次和第 3 次会议，各方就是否制定国际协定，以及国际协定包含的主要内容进行深入讨论，但其主张和立场没有发生根本性变化，协商进展缓慢。这两次会议虽然未就相关议题达成一致，但认识到人类活动对养护及可持续利用 BBNJ 的影响、BBNJ 管理和管制存在空白，以及国际协定不应与现有国际组织和制度框架发生冲突、重叠或重复。为加快讨论进程，特设工作组建议联大授予其就 BBNJ 问题提供建议，获得联大通过。本阶段特设工作组讨论的内容实际上奠定后续会议讨论的范围，基本形成了持有不同观点的阵营。

（二）发展阶段（2011—2013 年）

2011 年特设工作组第 4 次会议各方仍存在严重分歧，但 77 国集团与欧盟为代表的海洋"环保派"协商将海洋遗传资源惠益分享和海洋生物多样性养护作为一个整体，联合建议制定 UNCLOS 框架下的国际协定，"一揽子"方法解决 BBNJ 养护和可持续利用问题，为推动了 BBNJ 谈判向前发展迈出关键性的一步。"一揽子"解决方案包括海洋遗传资源（包括分享惠益）问题、划区管理工具（包括公海保护区）、环境影响评价、能力建设和技术转让。本次会议在各方的努力和妥协下，特设工作组建议联大发起一个进程，确保在 UNCLOS 框架有效处理 BBNJ 养护和可持续利用问题，具体方式是查明差距和确定前进道路，包括执行现有国际文书，以及可能在 UNCLOS 框架下拟订多边国际协定。

2012 年特设工作组第 5 次会议对"一揽子"方法的相关内容进行审议，决定在 2013 年召开 2 次闭会期间讲习班，增进对 BBNJ 各个议题的理解，阐明关键问题。讲习班采用专家研讨会的形式，专门就海洋遗传资源及其惠益分享、划区管理工具包括公海保护区、环境影响评价等方面的科学和技术问题进行澄清，不涉及法律问题。2013 年特设工作组第 6 次会议各方对 BBNJ 问题的认识和立场没有改变，但多数国家认为应该就实质问题展开讨论，采取具体行动以保证落实"Rio+20"成果文件"我们憧憬的未来"所作出的政治承诺，既"在工作组内建立一个进程，拟定大会在其第六十九届会议结束前就 BBNJ 问题作出决定。"特设工作组将就国际协定涉及的范围、参数和可行性向联大提交建议。在这阶段，国际协定的谈判由"务虚"转入对实质问题的讨论，对后续谈判进程的走向达成了基本共识。

（三）共识阶段（2014—2015 年）

2014 年 4 月特设工作组第 7 次会议围绕国际协定的范围、参数和可行性进行讨论。关于海洋遗传资源，欧盟明确提出不接受将其作为"区域"资源的界定以及《公约》建立的人类共同继承财产的原则，同样认为"先到先得"的做法也是不可接受的。对于国际协定的定位以及如何制定的认识还存在较大分歧，焦点在于国际协定是填补法律和执行方面的空白，还是对 BBNJ 问题从顶层综合设计？会议通过了由共同主席起草的"UNCLOS框架下拟定的国际协定范围、参数和可行性第一轮讨论所提问题的非正式概要文件"（简称"非文件"），供后续工作组会议讨论，并作为向第 69届联大起草建议的基础。

2014 年 6 月特设工作组第 8 次会议主要围绕共同主席起草的"非文件"展开讨论，对国际协定的范围、参数和可行性涉及的相关问题进一步澄清。各国关于制定新文书的共识在扩大，认识趋于一致。对于各方分歧较大的相关问题，各代表团认识到只对相应的问题作出澄清，不做过多讨论，凝聚共识，而对于现在无法澄清的具体问题留待后续谈判解决。本次会议通过了由共同主席起草关于"BBNJ 养护及可持续利用国际文书"的建议草案的决定，为特设工作组向第 69 届联大建议提供支持。

2015 年 1 月特设工作组就向第 69 届联大建议达成共识，主要包括以下内容：一是在 UNCLOS 框架下，关于 BBNJ 养护和可持续利用问题拟定具有法律约束力的国际协定；二是设立预备委员会，就 UNCLOS 框架下拟订具有法律约束力的国际文书的案文草案要点向大会提出实质性建议，预备委员会在 2016 年开始工作，并在 2017 年年底以前向大会报告其进展情况；三是设立主席团，在亚洲和太平洋地区、非洲、拉丁美洲和加勒比海地区、中东欧地区以及西欧和其他地区 5 个区域组，每个区域组提名 2 名成员组成，这 10 名主席团成员应就程序事项协助主席开展工作；四是谈判以 2011 年商定的"一揽子"事项为基础，整体性解决海洋遗传资源（包括惠益分享）、划区管理工具（包括公海保护区）、环境影响评价、能力建设和技术转让问题；五是在第七十二届大会会期结束之前（2018 年），基于预备委员会的报告，大会决定是否、何时召开政府间会议，审议预备委员会有关案文要点的建议，并在 UNCLOS 框架下拟订具有法律约束力的国际文书的案文。至此，国际协定的谈判进程正式启动。

二、国际协定谈判的基本态势

国际协定的制定和实施将重构国家管辖范围以外区域的海洋利益格局，攸关我国在深远海的战略利益及其布局。各国对制定国际协定的态度、立场不一，分歧严重，国际协定的谈判将是复杂而艰巨的利益博弈。

（一）海洋"环保派"

欧盟是海洋"环保派"国家的代表，希望通过出台国际协定，就公海保护区的设立和运行、环境影响评价制度的实施确定全球法律文书，希冀掌控全球海洋治理主导权。欧盟积累了大量的公海生物多样性调查数据和信息，在海洋保护区建设和管理方面经验丰富，通过多边国际平台积极推动公海保护区建设，在东北大西洋建有包括公海保护区在内的海洋保护区网络，在南极已建立南奥克尼群岛公海保护区，还联合提交了东南极公海保护区提案。欧盟环境影响评价要求和技术水平较严格，内部环境影响评价制度相对统一，试图通过环境影响评价设置绿色壁垒，提高国家管辖外海洋活动的环境准入技术标准。欧盟在公海保护区和环境影响评价等议题上已经拟定出相对完整和成熟的谈判方案，可能充当谈判的急先锋。

（二）海洋惠益共享派

77 国集团为代表的发展中国家重点关注国家管辖范围以外区域遗传资源，希望通过制度设计制约发达国家抢先独占海洋遗传资源，从中分"一杯羹"。77 国集团主张海洋遗传资源属于人类共同继承的遗产，利用海洋遗传资源产生的惠益应公平公正地分享。77 国集团虽然关注海洋遗传资源的惠益分享问题，但囿于科学技术能力不足，以及内部的意见分歧，在谈判中的主导权有限，可能继续与欧盟捆绑在一起，共同推动国际协定的出台。但 77 国集团与欧盟也有分歧，77 国集团关注国家管辖范围以外海洋遗传资源的惠益分享问题，欧盟关注公海保护区问题，双方难以相互支持。此外，小岛屿国家、最不发达国家以及内陆国也对海洋生物多样性养护、保障发展中国家的特殊要求等方面表达对 BBNJ 相关问题的关切。

（三）海洋利用派

美国、俄罗斯等海洋强国是海洋利用派的代表，坚决反对"利益共享"，坚持"先到先得、公海自由"，它们不愿对国际海洋秩序进行重大调整，希望维持目前相对宽松的国际环境，在现有国际法律制度框架内处理 BBNJ 相关问题。美国和俄罗斯等发达国家已对全球大洋洋中洋脊和裂谷之热液口的沉积物及生物样品都进行了较为系统的取样和研究，基本完成了深海极端环境科学研究所必需的原始积累，目前进入开发和商业化运作阶段，在该领域占据话语权和主动地位。此外，美国和俄罗斯反对公海保护区建设，以凭借强大的海上实力，维持在全球海洋的力量投射和战略布局。美国和俄罗斯虽难以阻止国际协定谈判，但维持现行的国际法律制度、防止国际海洋秩序出现激烈变革的基本立场难以改变，其与"环保派"、77 国集团围绕国际协定具体制度的谈判必将开展激烈攻防。

三、重点议题的主要内容分析

（一）海洋遗传资源的获取和惠益分享

海洋生物遗传资源的获取和惠益分享是各方关心的主要问题之一，[①]也是国际协定谈判的焦点和难点。解决该问题的关键是如何确保对海洋遗传资源研发产生的利益惠及国家管辖范围以外区域生物多样性保护和可持续利用工作。UNCLOS 没有关于海洋遗传资源的具体规定，关于遗传资源获取和惠益分享相关的法律制度主要体现在《生物多样性公约》（Convention on Biological Diversity，简称"CBD"）、《名古屋议定书》（Nagoya Protocol，简称"NP"）和《粮食和农业植物遗传资源国际条约》（International Treaty on Plant Genetic Resources for Food and Agriculture，简称"ITPGRFA"）等国际文书中，这些文书对海洋遗传资

---

① Leary D, Vierros M, Hamon G, Arico S, Monagle (2009) Marine genetic resources: A review of Scientific and commercial interest. *Marine Policy*, 33, 183-194.

源管理不具有普适性，但相关法律条款对制定海洋遗传资源的获取和惠益分享制度仍具有借鉴意义。

1. 关于范围

国际协定的管辖范围越清晰，在实践中与其他国际法律文书的重叠和冲突的可能性越小。海洋遗传资源的范围可分为时间范围、地理范围及对象范围三个方面。一是时间范围。CBD、NP 和 ITPGRFA 均未对时间范围做出规定。根据《维也纳条约法公约》第 28 条确立的"法不溯及既往"原则，除非缔约方赋予某一《条约》追溯力，否则该《条约》不适用于追溯力规定。此外，《条约》无法追溯缔约方宣布《条约》生效以前发生的任何行动或事实和《条约》生效以前已经不复存在的情况。CBD 适用于某一缔约方批准 NP 生效之后所获取的遗传资源及其传统知识，不适用于在 CBD 生效之前所获取的遗传资源及其传统知识。在 CBD 生效之后，但在 NP 生效之前取得的新的和持续性的利用遗传资源及其传统知识引起的惠益分享，这部分仍未解决。同样，在国际协定生效前获取的海洋遗传资源，在 UNCLOS 生效后的再次开发利用问题，以及在国家管辖范围以外区域的遗传资源是否包括传统知识，是海洋遗传资源谈判中应当解决的重点问题。

二是地理范围。国家管辖范围以外区域包括公海和"区域"，与 CBD 存在地理上的重叠，但与 NP 和 ITPGRFA 没有冲突。CBD 第 4 条（b）款规定，在该国管辖或控制下开展的过程和活动，不论其影响发生在何处，此种过程和活动可位于该国管辖区内，也可在该国管辖区外。因此，CBD 缔约方管辖或控制下在公海或海床、洋底及其底土中开展海洋遗传资源获取活动，原则上也可受 CBD 管辖。NP 在第 3 条只参考 CBD 第 15 条的范围，即仅限于国家管辖内的区域。ITPGRFA 的适用对象是基于国家主权下粮食和农业植物遗传资源，不涉及国家管辖范围以外区域。此外，关于来源地不明、跨国家管辖内外海域的遗传资源等问题也是国际协定谈判的重点。

三是对象范围。海洋遗传资源的利用对象包括具有遗传功能单元的遗传材料，以及是否涵盖不具有遗传功能单元的生物化学组分（衍生物），是关于海洋遗传资源讨论的焦点。目前，遗传资源的利用活动不再仅限于狭义的生物技术产业，还延伸到食品、化妆品、保健品和农业等多个领域。在 CBD 中，遗传资源是指具有实际或潜在价值的遗传材料，而遗传材料是指来自植物、动物、微生物或其他来源的任何含有遗传功能单位的材料。

CBD 与 ITPGRFA 的对象都为含有遗传功能单位的材料，但 ITPGRFA 更具体，包括 ITPGRFA 附录 I 的 39 种作物和 29 种饲草。NP 第 2 条采用了"利用遗传资源""生物技术"及"衍生物"等一系列术语，明确不仅限于能够表现生物遗传性状的功能基因，还包括了经新陈代谢产生的和自然生成的"衍生物"，即使其不具备遗传功能单元，NP 在 CBD 的基础上扩大了遗传资源的利用范围。

表 1 CBD、NP 和 ITPGRFA 的管辖范围

要素	CBD	NP	ITPGRFA
时间范围	未包括时间条款	未包括时间条款	未包括时间条款
地理范围	1）国家管辖内的区域（针对生物多样性组成部分）2）国家管辖范围以外区域（针对过程和活动）	国家管辖内的区域（针对生物多样性组成部分）	粮食和农业植物遗传资源
对象范围	植物、动物、微生物或其他来源的任何含有遗传功能单位的材料	植物、动物、微生物或其他来源的任何含有遗传功能单位的材料，包括不具有遗传功能的衍生物	ITPGRFA 附录 I 中包含的粮食和农业植物遗传资源

2. 关于获取

确定遗传资源的所有权人是为国家管辖范围以外区域遗传资源获取和惠益分享制度的基础和关键。CBD、NP 和 ITPGRFA 均确认遗传资源的国家主权原则，各国对国家管辖范围以外区域的遗传资源持有"人类共同继承的遗产"和"自由获取"两种观点。坚持人类共同继承遗产原则的学者认为，国家管辖范围以外区域的遗传资源采取"先到先得"的做法，可能会损害海洋环境以及海洋生物多样性的可持续利用，发达国家在不分享利用遗传资源产生惠益的情况下开发遗传资源，有违公平原则。UNCLOS 第 XI 部分规定，"区域"及其资源是人类共同继承的遗产，资源是指"区域"内在海床及其下原来位置的一切固体、液体或气体矿物资源，并未明确指出包括遗传资源。将人类共同继承的遗产原则适用于"区域"内的遗传资源，其法律地位是首要障碍。

坚持公海自由的学者认为，遗传资源获取是一次性的，几乎不会影响获取区域的海洋环境及其生物多样性，不需要建立新的法律制度施加管制。

建立相关获取制度将不利于海洋科学研究，繁琐的程序会阻碍海洋科技创新。UNCLOS 第 87 条规定公海对所有国家开放，并规定了公海自由的具体内容及限制条件。公海自由应由所有国家行使，但须适当顾及其他国家行使公海自由的利益，并适当顾及本公约所规定的同"区域"内活动有关的权利。公海自由的列举项并不是排他的，公海自由也涵盖其他尚不能预见的使用方式，包括"生物勘探"。公海自由原则适用的范围可以扩展至专属经济区外的上覆水层的海洋遗传资源。

CBD、NP 和 ITPGRFA 关于获取的规定也不尽相同，NP 对获取用途进行了规定，要求区分用途，而 ITPGRFA 的制订目的本身，就是便利对以保障粮食安全为目的的获取活动，这一经验也值得借鉴。CBD 并没有对"获取"进行界定，只是在第 15 条规定，获取应按照共同商定条件，并须经提供这种资源的缔约方事先知情同意，除非该缔约方另有决定。有些国家在其国内立法中通过界定"遗传资源"或者界定获取受到管制的地理区域来阐释该术语，但都没有对构成获取的实际活动进行说明。NP 规定"为了利用遗传资源的获取"需要经事先知情同意，其中"利用"包括商业化和非商业化两种用途。事先知情同意要求遗传资源获取申请者应在其生物开发活动开展之前的合理期限内寻求相关主体的同意，在这段时间内相关主体可以根据获取申请者以合理方式提供的信息做到全面知情，并以特定格式就获取申请者的获取与惠益分享安排作出明确的、肯定的授权。在用途不明的情况下的获取仍将遵照国内立法或监管要求，但可以免除事先知情同意的要求。如果提供国不存在获取和惠益分享立法或规范性要求，其就无法要求利用国制定和实施遵守提供国关于获取和惠益分享的国内立法或规范性要求。TPGRFA 第 12 条规定了多边系统中粮食和农业植物遗传资源的便利获取，以及方便获取的《标准材料转让协定》。从多边系统获取遗传资源是无偿的，只能收取管理费，但不应超出所涉及的最低成本或构成隐性获取费。便利获取方不限于国家，也包括缔约方管辖范围内的自然人或法人。提供便利获取机会的条件主要包括用途的专门性和明确性、收取费用的低廉性、信息提供的全面性、获取者知识产权的非绝对性、提供者自愿性以及合法性等内容。在出现粮食安全和人体健康等危及公共安全的特殊情况时，也应当相应简化获取程序确保公众利益得到维护，但不包括化学、医药和其他超出粮食和动物饲料的工业应用。

表 2　CBD、NP 及 ITPGRFA 的获取方式

要素	CBD	NP	ITPGRFA
对获取的批准	须经提供国事先知情同意	按照提供国国内立法，须经提供国事先知情同意；提供过，但没有相关立法，则不能获取	通过多边体系，便利获取
用途	—	商业化和非商业化	只为粮食和农业研究、育种和培训而利用及保存提供获取机会；对多用途（食用、非食用）作物的获取，首先考虑对粮食安全的重要性
获取条件	共同商定条件	共同商定条件	根据《标准材料转让协定》
获取成本	—	按共同商定条件执行，可包括转让费和预付费	无偿提供；如收取费用，则不得超过所涉及的最低成本

3. 关于惠益分享

确定惠益分享的类型是确保开发利用国家管辖范围以外区域遗传资源产生惠益得到公平公正分享的基础。惠益分享要平衡分享和利用的关系，使其既不能挫伤商业化利用经济活动的积极性，又不能妨碍海域科学研究、投资和创新。采取的方案以既能实现获取和惠益分享，又不妨碍研究和商业开发为宜。对于国家管辖范围以外区域遗传资源的来源披露及其知识产权使用进行监督，从而对披露要求、惠益的分配方式，包括惠益分享的性质、惠益分享的相关活动、受惠者、惠益分配的法律依据以及分配模式等具体问题充是建立惠益分享机制的必要途径。

国家管辖范围以外区域遗传资源惠益分享目前还处于空白，主要还是参考 CBD、NP 和 ITPGRFA 的相关规定。CBD 第 15 条第 7 款规定，各缔约方应采取措施"以期与提供遗传资源的缔约方公平分享研究和开发此种资源的成果以及商业和其它方面利用此种资源所获的利益。这种分享应按照共同商定的条件。"但就 CBD 有效实施的"公平合理"、"成果和开发"以及"利用遗传资源所获的惠益"关键术语没有界定，也没有指明惠益分享的主要受益群体，争端主要通过谈判、斡旋、调解，以及仲裁和上诉国际法庭等强制性解决方式。NP 更加明确地规定了公正和公平的惠益分享的对象是"利用遗传资源以及嗣后的应用和商业化所产生的惠益"，惠益主要由遗传资

源提供者代表缔约方应该依照共同商定条件分配，有货币和非货币性惠益两种形式，包括但不仅限于附件1所列惠益形式，其中包含知识产权。此外，NP 没有涉及与最终成品有关的惠益分享，也未建立全球多边惠益分享系统的具体实施措施，惠益分享争端需要根据提供国和使用国按照事先商定的关于解决争端的条款进行处理。

表3　CBD、NP 及 ITPGRFA 的惠益分享方式

要素	CBD	NP	ITPGRFA
惠益分享类型	–	货币性和非货币性惠益，包括知识产权	便利获取资源的权利、信息、技术、能力建设，商业化为目的的知识产权强制惠益分享
主要受益群体	–	资源提供国代表缔约方受益	持有遗传资源的缔约方国家政府及其自然人、法人
争端解决机制	谈判、斡旋、调解，以及仲裁和上诉国际法庭等强制性争端解决方式	由共同商定条件确定争端解决方式	谈判、斡旋、调解，以及仲裁和上诉国际法庭等强制性争端解决方式；《第三方受益人程序》及其《调解规则》解决

ITPGRFA 主要目的不是商业化惠益的分享，而是保障粮食安全，规定的多边系统中的惠益分享受益方可以是持有遗传资源的缔约方国家政府及其自然人、法人，包括农民和国际农业研究中心，惠益分享形式以非货币性为主，主要包括促进信息共享，便利技术的获取和加强提供国能力建设等。根据《标准材料转让协定》①，要求获取方分享因商业化后获得的惠益，获取方应向由主管机构设立的国际基金支付资金。对获取的原始材料、遗传资源不得提出限制其方便获得任何知识产权和其他权利的要求，如果限制对研发出的产品作进一步的研究和育种，那么惠益分享是强制性的要求。争端解决几乎照搬了 CBD 第27条规定的争议解决程序，即争端双方通过

---

①　《标准材料转让协定》惠益分享的形式：（1）如果接受方形成的产品不能无限地提供给第三方进一步研究育种利用，那么应支付毛销售额的1.1%（扣除30%成本后）；（2）在《标准材料转让协定》签署10年有效期内，如果接受方再次从多边惠益分享体系中获得同一种作物的遗传资源，应支付所形成产品销售额的0.5%，不管这一产品是否受第三方进一步研究和育种利用；（3）如果接受方转让正在培育的产品给第三方，那么第三方同样要支付所形成产品销售额的0.5%，不管这一产品是否限制第三方进一步研究和育种利用。

谈判、斡旋、调解，以及仲裁和上诉国际法庭等方式解决；但当获取方没有履行其义务，而提供方又放弃或拒绝启动争端解决程序，按照ITPGRFA管理机构通过的《第三方受益人程序》及其《调解规则》解决，由联合国粮农组织启动争端解决程序，以便实现多边系统自身的利益。国家管辖范围以外区域遗传资源的惠益分享，也可能主要是促进与海洋遗传资源的勘探、保护和研究有关的数据和研究成果共享、能力建设及科学合作，而不是建立货币化的惠益分享制度。

（二）划区管理工具

海洋划区管理工具作为养护海洋生物多样性的重要手段，是基于生态系统方法，协调国际海事组织和区域渔业组织等部门基于区域的管理措施，整合在生态上协调一致的海洋保护区。根据UNCLOS第89条规定，任何国家不得有效地声称将公海的任何部分置于其主权之下，即任何国家不能单方面在公海建立海洋保护区，并要求悬挂其他国家旗帜的船舶必须遵守。但根据UNCLOS第117条、第118条、第192、第194条和第197条的规定，各国在行使各项公海自由权利时，有义务为保护和保全海洋环境以及在养护公海海洋生物资源上进行合作。

国际海事组织（International Maritime Organization，简称"IMO"）、联合国粮农组织（Food and Agriculture Organization of the United Nations，简称"FAO"）、国际海底管理局（International Seabed Authority，简称"ISA"）和CBD等在其管理领域，提出了不同类型、用途的敏感区和脆弱区，从各部门、行业推动全球海洋生态环境保护。

1. 特别敏感海域

IMO于1991年通过了关于"特殊区域和特别敏感海区指定导则"的大会决议（A.720(17)）。此后，该导则经过了3次修订，2005年通过的"经修订的特别敏感海区鉴定和指定导则"（A.982（24））是目前最新版本。特别敏感海域（Particularly Sensitive Sea Area，简称"PSSA"）是指公认在生态、社会经济或科学方面具有特殊属性，且容易遭受因海上活动带来的损害，从而需要通过国际海事组织采取特别措施加以保护的区域。PSSA在地理范围方面没有明确的界定，IMO成员国政府提出的特别敏感海域申请可以包括领海、专属经济区和公海，甚至海峡。指定PSSA，一是要符合生态学、社会经济和文化、科学研究和教育等三类17项标准中的

一项 ①；二是容易遭受国际海运活动带来的损害；三是必须至少有一项公认具有法律基础的保护措施可以被 IMO 批准和实施。在 PSSA 所采取的相关保护措施，限于如下措施：（1）IMO 现有文件框架内的措施；（2）IMO 现有法律文件中尚未涵盖，但可以通过修改或指定新的法律文件使其具有法律基础的措施；（3）根据 UNCLOS 第 211 条第（6）款通过的保护措施。为防止、减轻或消除威胁或已确认的脆弱性，对 PSSA 内航行的船舶采取的主要是特殊的航行办法，沿海国可以依法实施包括强制性船舶通报制度、禁止船舶停靠水域等相关保护措施，还可以选择排放限制，但不能拓展到其他领域，如渔业或采矿等海洋活动。

IMO 是唯一负责指定 PSSA 和批准相关保护措施的国际机构，具体工作由下设的海上环境保护委员会协调开展，已在全球指定 14 个 PSSA，且全部在专属经济区以内。指定 PSSA 扩大了沿海国对船舶通行的管辖权，但不能违背在 UNCLOS 的框架下对船舶航行的一般国际规则和相关规定。但 IMO 下的 MEPC 通过的第 133（53）号决议指定托雷斯海峡为大堡礁特别敏感海域的延伸部分，澳大利亚政府以该决议为依据发布了 8/2006 号航行通告，决定在托雷斯海峡实施强制引航。

表4　IMO 指定 PSSA 的列表

PSSA	申请国	时间	相关保护措施
大堡礁	澳大利亚	1990	建议适用澳大利亚引航制度；强制船舶报告制
撒巴那－卡玛居埃群岛	古巴	1997	避航水域
马尔佩洛岛	哥伦比亚	2002	避航水域
佛罗里达礁岛周围海域	美国	2002	船舶定线制
瓦登海	丹麦、德国、荷兰	2002	强制深水航道
帕拉卡斯国家保护区	秘鲁	2003	避航水域

---

① 1.生态学标准。（1）唯一性或稀有性，（2）重要栖息地，（3）依存性，（4）代表性，（5）多样性，（6）多产性，（7）产卵或繁殖地，（8）自然性，（9）完整性，（10）脆弱性，（11）生物地理学上的重要性；2.社会经济和文化标准。（1）社会或经济上的依存性，（2）人类依存性，（3）文化遗产；3.科学和教育标准。（1）研究价值，（2）用于监测研究的基线条件，（3）教育价值。

PSSA	申请国	时间	相关保护措施
西欧水域	比利时、法国、爱尔兰、葡萄牙、西班牙、英国	2004	强制船舶报告制
大堡礁的延伸地区，包括托雷斯海峡	澳大利亚、巴布亚新几亚	2005	双向航路
加那利群岛	西班牙	2005	分道通航制；避航水域；强制船舶报告制
加拉帕格斯群岛	厄瓜多尔	2005	避航水域
波罗的海	丹麦、爱沙尼亚、芬兰、德国、拉脱维亚、立陶宛、波兰、瑞典	2005	分道通航制；建议深水航道；避航水域
夏威夷帕帕哈瑙莫夸基亚国家海洋遗迹	美国	2008	避航水域
博尼法乔海峡	法国、意大利	2011	航行建议，包括船舶定线、船舶通报、引航等
沙巴浅滩	荷兰	2012	避航水域；禁锚水域

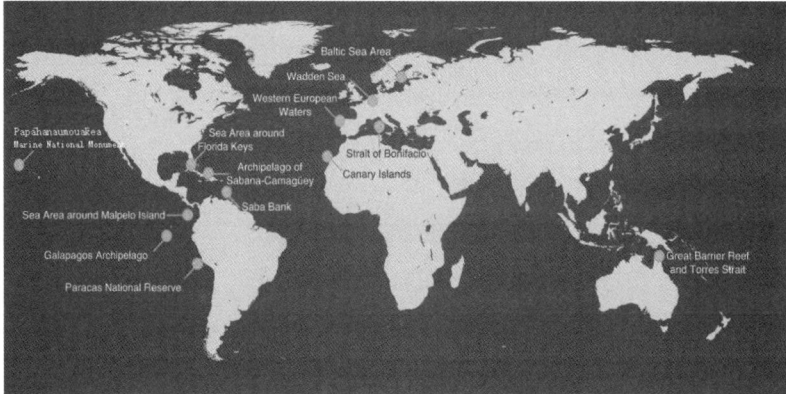

图1 IMO 指定 PSSA 的分布

IMO 作为海运领域的国际组织，其在组织框架内通过的决议一方面只应对该组织的成员有一定的拘束力，同时，由于决议的效力不同于条约或国际习惯，即使对于国际海事组织成员国也并不具有法律拘束力。指定 PSSA 属于 IMO 决议，根据 IMO 宪章，决议不具有法律约束力，相关保护措施也是软法。但相关保护措施的法律基础多为成员国之间已经达成（或者将要达成）的国际公约、规则等，在符合"一般接受的国际规则和标准"时，该措施就具有强制性。

2. 排放控制区

排放控制区（Emission Control Areas，简称"ECA"）是《1978 年
议定书修订的 1973 年国际防止船舶造成污染公约》（简称"MARPOL73/78"）
及其附件所规定的特殊区域的一类①，即要求对船舶控制硫化物、氮化物
以及其他消耗臭氧的物质排放，采取特殊强制措施以防止、减少和控制其
排放造成大气污染，以及随之对陆地和海洋区域造成不利影响。指定 ECA
的海域必须是需要采取特殊保护措施的海域，且符合海洋学和生态学的科
学标准；在该海域内，船舶如仅按 MARPOL73/78 对一般海域的防污要求是
不够的，必须采取更为严格的控制措施。ECA 对其内航行的船舶主要是限
制其操作性排放造成的污染，所采取的相关保护措施是对硫化物和氮化物
等温室气体的排放实行限制。

指定 ECA 的海域为沿海国的专属经济区内，且根据 UNCLOS 第 211 条的
规定必须有明确划定的范围，并不需要获得主管国际组织的同意或与其他
国家进行协商。但是，沿海国若意在其 ECA 制定并执行高于 MARPOL73/78
所规定的一般国际规则和标准的国内法律规章，并对船舶采取特别强制性
措施，则指定程序必须符合国际海事组织的相关规定。随着国际贸易的发
展和海运量的增长，船舶日趋大型化，并导致航区的扩大和航线的密集，
从而使全球船舶温室气体排放量将继续攀升。目前在全球已经指定 4 个
ECA，即波罗的海、北海、北美和美国加勒比海排放控制区。

表5　全球指定 ECA 的基本情况

排放控制区	批准时间	批准时间	生效时间	执行时间
波罗的海	硫化物	1997.9.26	2005.5.19	2006.5.19
北海	硫化物	2005.7.22	2006.11.22	2007.11.22
北美氮化物	硫化物、特殊物	2010.3.26	2011.8.1	2012.8.1
	2010.3.26	2011.8.1	2016.1.1	
美国加勒
比海氮化物	硫化物、特殊物	2011.7.26	2013.1.1	2014.1.1
	2011.7.26	2013.1.1	2016.1.1	

---

① 特殊区域系指在该海域中，由于其海洋学的和生态学的情况以及其交通
的特殊性质等方面公认的技术原因，需要采取特殊的强制办法以防止油类物质污
染海洋。

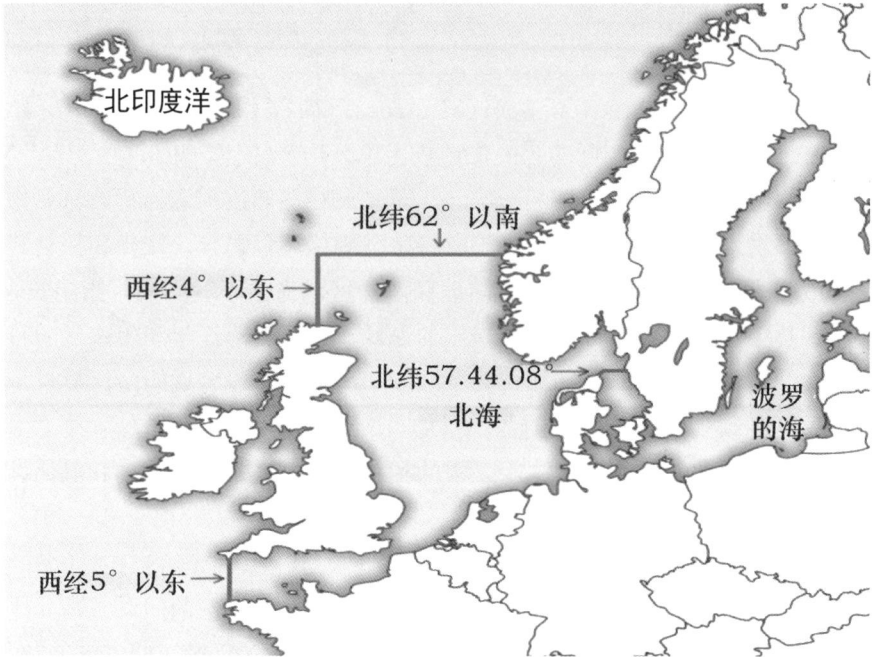

图 2　北海、波罗的海的 ECA 范围分布图

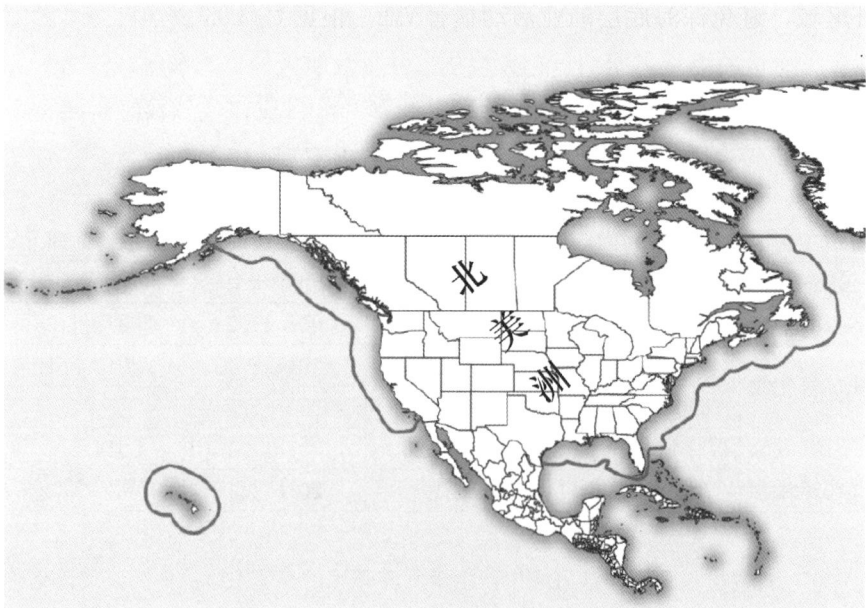

图 3　北美 ECA 的范围分布图

2011 年 IMO 下的 MEPC 通过了《1978 年议定书修订的 1973 年国际防止船舶造成污染公约》Ⅵ《防止船舶造成大气污染规则》有关船舶能效规则的修正案（简称"附件Ⅵ修正案"），要求控制船舶硫化物和氮化物等气体排放。

作为专门针对国际海运温室气体减排的强制性法律文件，沿海国对在 ECA 内航行的船舶提出高标准的海洋环境保护要求。沿海国根据船舶气体排放的高标准，在专属经济区防止、控制来自船舶的污染方面扩大其立法权，要求外国船舶在船舶的设计、建造、人员配备或装备标准方面遵守"一般接受的国际规则和标准"以外的标准或规则。

3. 脆弱海洋生态系统

2004 年开始，公海深海渔业管理问题在联合国大会作为重要议题进行了多次讨论，通过了若干决议，呼吁加强公海底层渔业管理。为以可持续的方式管理鱼类种群和保护包括海底山脉、热液喷口和冷水珊瑚在内的 VME，使它们不受毁灭性捕捞法的损害，2006 年联大第 61/105 号决议明确提出了监管深海底层渔业的要求，以及制定深海渔业管理标准，以便协助各国和区域渔业组织持续地管理深海渔业。该决议适用于国家管辖范围以外区域，避免深海底层渔业活动损害 VME。根据 UNCLOS 及其《1995 年联合国鱼类种群协定》等国际法以及联大第 61/105 号决议的要求，2009 年 FAO 制定了《公海深海渔业管理国际准则》（简称"国际准则"），从技术层面着手解决公海底层渔业管理，确保深海生物资源的长期养护和可持续利用，防止对脆弱海洋生态系统（Vulnerable marine ecosystem，简称"VME"）造成重大不利影响。国际准则虽属于自愿性准则，但遭到国际水产团体联合会的强烈抵制，该联合会反对在全球公海暂停或禁止底拖网渔业。

VME 是易受干扰、恢复很慢或可能永远得不到恢复的生态系统，脆弱性涉及某一种群、群落或栖息地受到短期或长期干扰后将发生重大改变的可能性，及其受干扰后恢复和在多长时间内恢复的可能性，这些可能性又关系到生态系统本身的特征，尤其是在生物及其结构方面。对种群、群落和栖息地的脆弱性的评估，必须针对各种具体的威胁进行；某些特征，特别是脆弱性或稀少性，可能对于大多数类型的干扰来说都是脆弱的。但不同种群、群落和栖息地的脆弱性可能有很大的差异，这取决于所使用的渔具或受到的干扰类型。海洋生态系统的风险取决于其脆弱性、受威胁的可能性和减轻该威胁的手段。指定 VME 基于预警方法和生态系统方法，强调管理决策的科学基础及其影响，重视深海渔业对 VME 影响的认知和评估，并综合考虑包括渔业产业问题在内的各方面因素，积极推进认识上的共识和数据信息的传播与共享。

在全球海洋已建立具有管理功能的区域性渔业组织 20 个，基本覆盖了公海的主要渔业区域。区域渔业组织重点对深海底拖网采取关闭或暂时关闭措施，限制渔船的渔获量和作业范围，但必须符合国际法的规定。加强对渔业活动监测监督，收集数据以评估底拖网对 VME 的影响。沿海国和区域渔业组织酌情合作，根据 VME 标准评估全球海洋资源，在没有区域渔业组织的海域加快建立管理组织，并要求沿海国实施并制定相应的国家政策和法律，以加强深海渔业管理，包括保护 VME。同时，还注意到发展中国家的特殊要求，尤其是满足发展中国家在财政、技术转让和科学合作等方面的需要。

4. 特别环境关注区

2012 年，国际海底管理局审议通过首个区域环境保护计划《克拉里昂—克利珀顿区环境管理计划》（简称"《管理计划》"），该计划包括设立 9 个有特别环境关注的区域，以保护克拉里昂—克利珀顿区（简称"C—C 区"）的生物多样性、生态系统结构和功能不受海底采矿的潜在影响。这是落实管理局及其承包者的环保责任的一种管理措施。在设计特别环境关注区（Areas of Particular Environmental Interest，简称"APEIs"）时，EBSAs 科学标准尚未制定出台，但考虑：（1）"脆弱海洋生态系统；（2）足以代表各不同生物地理区域的所有各种生态系统、生境、群落和物种的地区；（3）面积足以确保选定保护的地貌的生态活力和完整性的地区。《管理计划》通过后，国际海底管理局加强与国际海事组织、生物多样性公约组织和东北大西洋环境保护委员会等相关进程和国际组织的协调与协商，以考虑航行、渔业等人类活动对海洋生物多样性的综合影响。

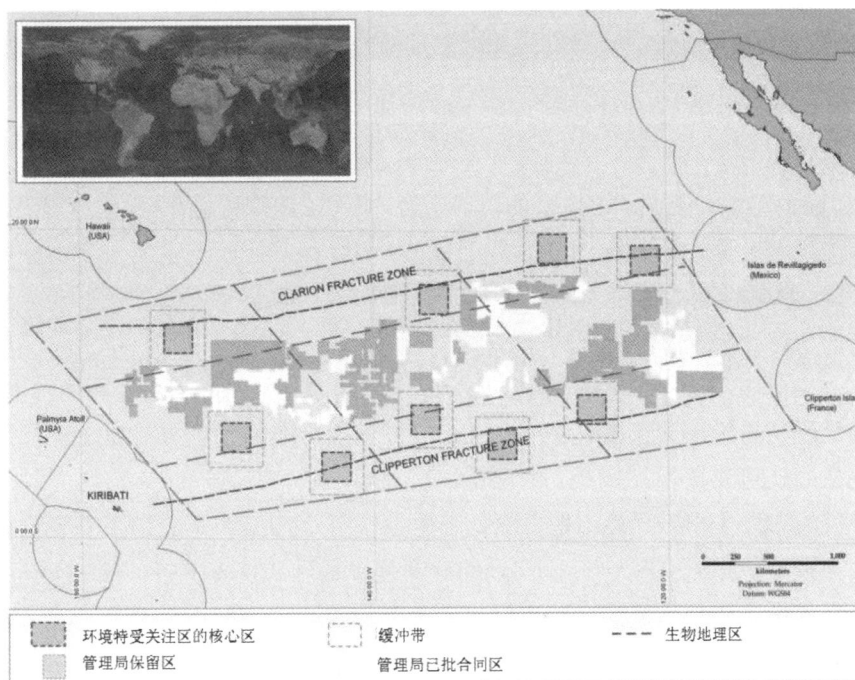

图 4　克拉里昂—克利拍顿断裂带 APEIs 的分布图

在 C—C 区内已有 14 个国家申请了 15 块具有专属勘探权和优先开采权的合同区，合同区内的勘探开发活动要确保采用最佳的勘探和开发环境保护技术，收集环境数据进行环境影响评价，并拟定提高生境和动物群落恢复能力的环境管理计划。APEIs 的位置避免与许可勘探区重叠，也尽可能避免与保留区重叠。根据环境数据、种群分布、种群扩散能力和距离等要素，国际海底管理局确定 9 块 200×200 千米的核心区和周围 100 千米的缓冲带，以确保核心区不受毗邻区域勘探开发活动的影响。在 APEIs 内，禁止一切与采矿有关的活动，以保护生物多样性和生态系统结构和功能。

5. 具有生物和生态学重要意义的海域

CBD 缔约方高度关注 BBNJ 养护和可持续利用问题，要求到 2020 年使 10% 的沿海和海洋区域得到有效养护。2004 年 CBD 第 7 次缔约方大会提出包括关于海洋保护区和公海生物多样性保护在内的海洋生物多样性新议题。2008 年 CBD 第 9 届缔约方大会通过"用于确定公海水域和深海生境中需要保护的具有生态或生物学重要意义海洋区域的科学标准"，用于查明需要保护的具有重要生态或生物学意义的海洋区域（Ecologically or Biologically Significant Marine Areas，EBSAs）；描述 EBSAs 不涉及法律和管理问题，只是科学和技术层面的工作。2010 年第 10 次缔约方大会要求执行秘书组织一系列区域研讨会，描述符合 EBSAs 的科学标准的区域。秘书处编写了关于 EBSAs 的培训手册／模块，组织覆盖太平洋、大西洋、印度洋和北冰洋区域研讨会。截至目前，CBD 秘书处已经完成 207 处符合 EBSAs 科学标准的描述工作，其中有 74 处涉及国家管辖范围以外区域，覆盖面积达到全球海洋面积的 90%。

描述 EBSAs 科学标准进程的影响力在不断扩大，部分沿海国和相关国际组织纷纷投入到相关进程工作中，一定程度上表明了各方对 EBSAs 有关工作的认可和重视。从 CBD 的讨论情况来看，联大在处理国家管辖范围以外区域海洋生物多样性问题方面处于中心作用：UNCLOS 是一切海上活动的法律框架、CBD 为联大 BBNJ 问题的磋商提供科学和技术支持、EBSAs 作为公海保护区选划重要的备选方案。但是，从实际效果来看，关于 EBSAs 的讨论内容已涉及经济和社会发展的相关问题，严重超出了 CBD 缔约方大会的授权，以及 CBD 法律规定的内容。

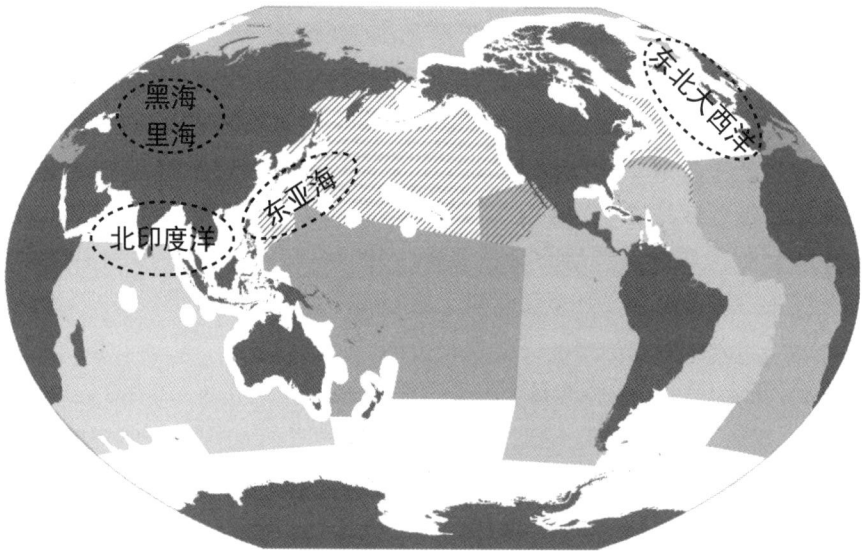

图 6　全球描述符合 EBSAs 科学标准地理范围

注：图中色斑表示已描述的海洋区域，虚线表示待审议或尚未开展工作的海洋区域

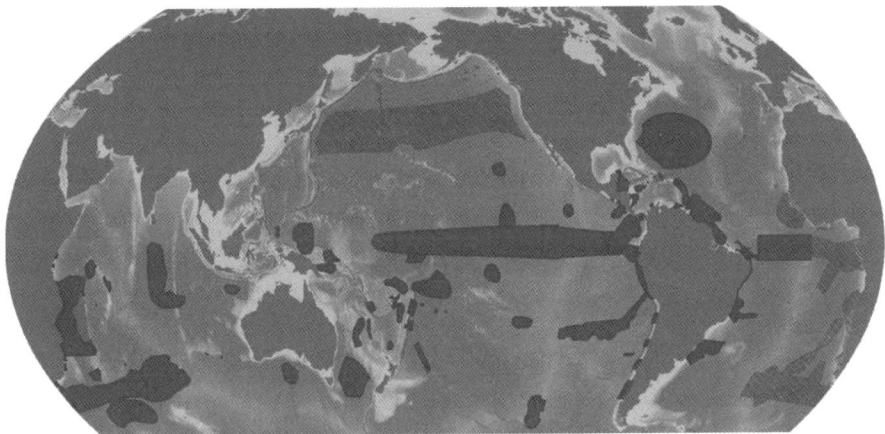

图5 全球符合 EBSAs 科学标准的海域分布图 ①

（三）环境影响评价

环境影响评价作为现代环境保护的重要工具，得到国际社会的普遍接受和认可。但就国家管辖范围以外区域而言，环境影响评价是一个新兴领域，对该问题规制的研究很少。在制定国家管辖范围以外区域的环境影响评价制度的全球行动中，UNCLOS 第 204 至 206 条构成了执行环境影响评价的基本框架。但是，UNCLOS 仅仅对环境影响评价做出一般性规定，即要求沿海国在其管辖或控制下的活动可能对海洋环境造成重大污染或重大和有害的影响时，应对该活动进行环境影响评价。公约规定的义务不具有强制执行的法律效力，所以很难保证各国都能遵守在国家管辖范围以外区域进行环境影响评价的规定。此外，也并未就环境影响评价的范围和内容进行详细说明，如海洋运输、海洋渔业、海洋倾废、海洋科学研究和铺设海底电缆和管道等传统海洋活动，以及海洋施肥、碳封存、深海旅游和海洋生物资源的勘探开发等新兴海洋活动对海洋环境影响危害程度，以及环境影响评价的程序和标准等。

环境影响评价其对象是可能对环境产生不利影响的人类的拟议活动，其目的是为了保护环境，控制并最大限度地降低人类活动的不利影响。CBD、南极条约体系和国际海底管理局等国际和区域组织，围绕国家管辖范围以外区域的环境影响评价的技术和法律问题展开讨论。根据 CBD 第 4

① 未包括北极地区。

条、第 5 条和第 14 条规定，各缔约方采取适当程序，就在国家管辖范围以外区域其可能对生物多样性产生严重不利影响的拟议项目进行环境影响评价，并在互惠的基础上开展国际合作。CBD 在《关于涵盖生物多样性各个方面的影响评估的自愿性准则》的基础上，于 2012 年第 11 届缔约方大会制定《海洋和沿海地区环境影响评价和战略环境评估的自愿性准则》（简称《准则》）。《准则》属于技术性文件，为缔约方和非缔约方在制定和执行各自的影响评价工具和程序方面提供参考，不具有法律约束力，无法确保各方按照统一的标准制定和执行环境影响评价。南极条约和《关于环境保护的南极条约议定书》及其附件对南极条约区域内的活动进行环境影响评价做出了较为详细的规定，但既没有包括捕鲸、捕海豹、捕鱼和应急操作在内的活动，也没有明确地列出需要进行环境影响评价的活动或项目。

国际海底管理局作为"区域"矿产资源勘探和开发的管理机构，负责"区域"内的矿产资源勘探开发及其相关的活动进行环境影响评价。UNCLOS 第 165 条第 2 款（d）项规定，国际海底管理局法律和技术委员会应就"区域"内活动对环境影响准备评价。《关于执行〈联合国海洋法公约〉第 XI 部分的协定》进一步阐述了对"区域"内的深海采矿活动进行环境影响评价的义务，其中附件 I 第 7 条规定："对工作计划的审批申请，应当附有该活动的潜在环境影响评价以及关于按照管理局制定的规则、规章和程序进行的海洋学和环境基线研究方案的说明。2010 年国际海底管理局颁布《指导承包者评估区域内多金属结核勘探活动可能对环境造成的影响的建议》，详细列出了在多金属结核勘探活动时进行环境影响评价的活动。

2013 年法律和技术委员会通过《指导承包者评估"区域"内海洋矿物勘探活动可能对环境造成的影响的建议》，要求在核准合同形式的勘探工作计划之后，并在开始勘探活动之前，承包者应向管理局提交对海洋环境潜在影响的评估书、对海洋环境造成严重损害的监测方案建议书以及相关的环境基线数据。国际海底管理局颁布的涉及环境影响评价的规定和建议属于软法的性质，但对矿区勘探开发活动仍具有实际的指导作用和约束力。

深海生物基因产业　蓝色经济新希望

胡学东，高岩

习近平总书记指出："深海蕴藏着地球上远未认知和开发的宝藏，但要得到这些宝藏，就必须在深海进入、深海探测、深海开发方面掌握关键技术。"深海分布着海山、洋中脊、深海平原、深渊、海沟等多种复杂的地质地貌，以及热液口、冷泉等独特的生态系统，孕育着丰富的生物资源。

一、深海生物资源是巨大的基因宝库

深海生物具有在极端条件下所形成的独特生物结构和不同于光合作用的化学能代谢机制，具有极为重要的研究价值和广泛的用途。尽管深海生物处于高盐、高压、低温、寡营养、无（寡）氧和无光照的环境中，生存条件比陆生生物复杂恶劣得多，但各种深海生物依然能够凭借其特殊的结构和功能维持生命活动。深海生物的多样性、复杂性和特殊性使其在生长和代谢过程中，产生出各种具有特殊生理功能的活性物质，并且某些特异的化学结构类型是陆地生物体内缺乏或罕见的，这使得深海成为创新药物和功能性保健食品的原料宝库，也被公认为未来重要的基因资源来源地。由于环境的独特性，深海还蕴藏着丰富的极端微生物，它们往往产生结构和功能独特的生物大分子（极端酶）与小分子，与陆源化合物结构、功能迥异。目前陆地微生物发现的化合物超过 95% 是已知化合物，新化合物发现率不到 5%，作为药物的创新源头，与海洋的无限潜力相比，陆地生物的新活性化合物资源面临"枯竭"态势。根据 World Register of Marine Species（WoRMS）数据库的统计，截至 2017 年 5 月，有 243000 种海洋物种被收录，预计还有至少三分之一的海洋物种未被发现。目前，在数据库中从深海生境中被发现的新物种数量还相对较少，与评估的生物蕴藏量差距较大，深海生物作为新物种源头的资源潜力巨大。

因此，利用新技术从深海中开发新的生物资源、从技术和资源的源头创新研究，既是国际上新资源研究与开发的前沿方向，也是各海洋强国进军深海的重要关切点，体现着各国重大深海安全和战略资源利益。

二、深海生物资源已显现出无限的商业价值

世界经济合作与发展组织（OECD）发布的《面向2030的生物经济》报告中预测，到2030年生物技术在医疗、农业、工业等领域的经济与环境贡献率将分别达到25%、36%、39%。比尔·盖茨早在本世纪初就说过："下一个能够超越我的世界首富必定出自基因领域。"

深海生物资源包括物种资源、基因资源和产物资源，是国家的重要战略资源储备，也是战略性新兴产业的重要组成部分。深海基因资源是未来生物产业发展的基石，已成为科学家们的普遍共识。深海极端环境蕴藏丰富的极端微生物（嗜热菌、嗜冷菌、嗜酸菌、嗜碱菌、嗜压菌、嗜盐菌等），为生物技术产业的发展和新药开发提供独特资源。目前，深海生物在低温生物催化剂及抗冻剂、生物修复、表面活性剂、高亲和性催化剂、耐高温耐盐等新型生物催化剂、生物湿法冶金、新型生物活性物质等方面取得长足进展；各类深海极端微生物及其基因资源在生物医药、工业、农业、食品、环境等领域的开发应用也已取得了突破性进展，目前已经形成了数十亿美元的产业。预计未来20年内，深海生物资源将在新药开发、工业催化、环境保护、日用化工、绿色农业等领域中形成重要产业。特别要提及的是深海生物资源在人类健康保障中的重要应用前景，海洋新药以及具有保健功能分子的发现已成为人类健康的重要保障。随着抗生素滥用，超级细菌耐药性已经构成了严重威胁，而深海微生物代谢产物被证明是未来新药的重要来源。目前已从海洋生物资源中发现近3万种天然产物，并有5000多个与海洋生物基因资源相关专利。巨大的潜在商业价值将催生新生深海生物资源产业，可以预计，该产业不仅会带来巨大的经济效益，更将会带来难以估量的社会效益。

三、深海生物基因开发与利用已成为国际竞争焦点

近年来，鉴于深海生物资源的重要应用潜力和战略价值，利用新技术从深海中开发新的生物资源、从技术和资源的源头开展创新研究，成为国际上新资源研究与开发的前沿方向。欧洲、日本、美国等国皆制定了长期政府资助研究计划以推动深海极端微生物的研究和开发，如欧洲"细胞工厂"，美国 Scripps 研究所、Woods Hole 海洋研究所以及国家癌症研究所制定的相应深海极端环境微生物研究计划，日本制定的"Deep-star"研究计划，特别是欧盟制定的欧洲国家十年深海生物基因计划，投资规模 30 亿欧元专项用于发展对新兴产业和生命健康有特殊功效的海洋生物基因资源。自 2013 年起，欧盟启动了海洋微生物培养计划（Marine Microorganisms: Cultivation Methods for Improving their Biotechnological Applications project MaCuMBA），对深海生物资源予以特别关注。

深海生物资源是国家的重要战略资源储备，也是战略性新兴产业的重要组成部分，同时关系到重大国家安全利益。预计未来 20 年内，深海生物资源将在新药开发、工业催化、环境保护、日用化工、绿色农业等领域中形成重要产业。深海生物资源在人类健康保障中具有尤为重要的应用前景。随着陆生资源的日益匮乏，世界各国，尤其是西方发达国家，纷纷斥巨资对深海生物的资源和生物活性等多方面进行深入研究，目的是为了从深海生物资源中寻找到高效低毒的创新药物，有效预防、治疗威胁人类生命健康的多种严重疾病。目前，美国 FDA、欧盟 EMA 已经批准了 8 种来源于海洋生物的创新药物。FDA 批准处于临床试验阶段 I、II、III 期的实验性药物有 25 个，其中来源于海洋微生物的就有 19 个；14 种药物、候选药物用于不同类型的恶性肿瘤治疗。目前，每年新增的海洋放线菌新代谢产物约 100 个，约三分之一具有抗肿瘤活性，为最终根治此类疾病创造了无限可能与想象空间。

国际竞争还集中体现在知识产权保护方面，自本世纪初，国际上与海洋生物相关的专利呈逐年增长态势。目前，海洋生物资源中已发现近 3 万种天然产物和近 5000 个专利。近十年，每年申请发明专利约 300 件，以日本、美国、英国、中国和韩国申请数量最多。日本在海洋生物研究和应用方面

优势明显，这与该国很早确立的海洋立国战略密切相关。随着深海调查活动的开展和研发能力的提高，新的生物物种资源不断发现，深海生物资源的巨大商业价值和政治利益已初步显现。另一方面，深海生物资源伴生的深海生物病毒不仅具有极高的资源价值，也存在潜在的安全风险，已经成为各国秘而不宣的利器，也可能成为威胁人类生存的双刃剑。

四、我国深海生物基因研发现状

国家海洋局从"十五"开始启动深海生物基因资源研究，把深海生物资源的战略储备作为主要任务之一。21世纪初，在国家财政部的大力支持下，以"追赶者"姿态进入深海生物资源勘探领域，组织国内优势团队，积极开展资源获取和潜力评价工作，大力发展深海生物资源勘探技术，短短15年大幅提升了我国深海生物种质资源的拥有量，建立了相当规模的深海生物资源库，资源拥有量实现了重大超越。同时，积极推动深海微生物资源的应用潜力评价，获得了在医药、环保、工业及农业等方面有重要应用价值的菌种、基因、酶和化合物，实现了资源共享，推动了深海生物知识产权保护，快速提升了我国深海生物专利的拥有量，有效保障了我国在国际海洋生物资源领域的合法权益和规则制定的话语权。

1. 深海调查能力与分析技术显著提高。在海上调查技术方面，船载与陆基装备技术手段不断提升，以"蛟龙号"为代表的系列潜器的成功应用大大提升了深海生物资源的调查能力。我国通过大洋航次平台，在印度洋、大西洋、太平洋等海区以及多种深海特殊生境对深海生物资源进行了调查，先后在热液区、海山区、海沟、深渊等区域开展了12个航次生物基因资源的调查，样品多数来自于我国矿产资源的合同区与潜在合同区，覆盖三大洋、八大区块、700多个站位。对热液区、冷泉、多金属结核、富钴结壳等不同生境中的生物群落结构特征进行了分析，获取了大量深海微生物资源信息；通过优化分离培养技术，新获得深海微生物菌种近万株，包括深海细菌、放线菌、真菌、古菌等；"十二五"期间还发展了深海微生物原位培养装备；将高通量测序技术、微生物单细胞操作技术、活性物质生物全合成途径异源表达技术应用于深海微生物资源的研发；构建了基于细胞和模式动物的抗菌、抗附着、抗肿瘤活性物质的高通量筛选技术平台。

在基础研究方面，发现并完成深海微生物新物种鉴定100多个；开展了深海微生物代谢、系统进化、深海共生微生物、病毒微生物相互作用机制、深海污染物降解机制、深海微生物参与的 N、S、Fe 等元素循环机制研究；还开展了 200 多株深海微生物与多个环境样品的基因组测序分析，发表高水平 SCI 论文 500 多篇。

2. 资源潜力评价全面开展。完成了 4000 多株微生物资源在医药、工业酶、生物农药、环境保护等方面的潜力评估，所获成果已经显示出重要应用前景。在新资源获取基础上，开展了一系列深海生物资源的应用基础研究，包括深海极端酶、深海生物农药、药用活性物质、抗污损活性物质、产电微生物以及污染物降解等活性筛选与开发利用等等；

3. 专利技术成果丰富。获得了深海微生物多糖、深海微生物农药制剂、深海微生物抗附着剂、深海生物活菌制剂、深海微生物酶制剂、深海产电微生物燃料电池与废水处理等中试生产技术，并已申请专利 200 多项，获得专利授权几十项，部分研究成果已经同国内企业实现了产业化对接。

4. 资源库与平台建设成效显著。（1）"中国大洋深海生物基因研发基地"通过十多年的建设，在深海生物样品采集、保藏与管理方面的保障能力也有明显提升。（2）海洋微生物中试发酵平台、制剂工艺研究平台已经具备了良好设备条件，并开展了多种海洋微生物制剂产品的工艺研发。（3）国家海洋局深海微生物菌种保藏管理中心目前已标准化保藏了管辖外海域来源的海洋微生物近万株，实现了我国深海生物资源的快速积累，菌株库藏量国际领先。

通过 10 多年的不断努力，我国在深海生物基因资源领域取得了一批有一定国际影响的研究成果，在深海取样、实验室分离培养等部分技术、装备领域达到或超过国际前沿水平。分析过去 10 多年的发展走势，预计深海生物基因资源在未来 10-20 年内将快速形成极具规模的深海生物产业，未来的 5-10 年将是我国发展超越的关键阶段。在生物基因资源开发利用方面，追赶并超越海洋发达国家；在调查技术和深海生命科学研究上接近或达到国际先进水平完全可以预期。

五、发展深海生物产业面临的困难

我国是海洋大国，海域辽阔，海洋生物资源丰富，同时我国还是世界上最早利用深海生物治疗疾病的国家，有着资源和历史方面的优势。但是，深海生物资源研发仍存在诸多尚待解决的问题，如研发机构、推广应用机构还需进一步完善和健全；国内开始这方面研究的时间不长，科技人才缺乏，从事深海生物学研究的科研机构实力偏弱，研究工作的深度与广度与世界先进水平相比存在着明显的差距；对深海生物资源研究的投入，也制约了研发的快速稳定发展等。

在认识到宏观层面存在的问题的同时，微观问题的认识和解决也同样重要。首先，我国现有深海生物菌株库中存在着资源存量种属分布不均、对采样生境的科学认知不够等问题。目前已入库近1500个种400多个属的菌株，但其中有1000多个种的菌株数量不超过3株，种属覆盖面极不均匀；以往的生物资源采探多搭载矿区履约工作航次，随机性较强，且未能对采样生境进行系统研究，导致后期潜力挖掘和机制分析缺乏依据。其次，应对BBNJ执行协定准备不足。目前BBNJ国际谈判进程不断加快，而国内尚未有法律法规对国家管辖范围以外区域海洋生物遗传资源的获取、保藏、研发及安全性评估等内容予以明确规范，国内法与即将到来的国际新秩序之间缺乏对接。第三，青苗期产品产业化推进机制欠缺。在财政部支持的大洋专项组织推进下，深海生物资源领域已涌现出降脂和抗病毒小分子、石油降解菌、环境友好型抗污损涂料以及多种农药制剂等青苗期产品。建立高效的产研对接机制将成为进一步推动深海生物资源产业化进程的关键，也是未来实现我国深海生物资源行业领跑地位的重要环节。

深海生物资源产业的发展具有周期长、投入大、样品采集设备专业性强、科学认识基础要求高等特点，并呈现出多区域资源采探、多领域潜力评估以及多层次产业化运作的链条式脉络，需要多行业的优势团队协作开展。从总体上看，深海生物资源产业目前还处在初级阶段。但是，随着深海采样技术与生物资源开发能力的提高、公海生物资源自由获取"窗口期"的关闭，深海生物资源领域的竞争也会变得更加激烈。随之而来的生物多样性养护和环境保护问题将会成为深海生物资源产业未来发展的"绿色壁垒"。

六、为深海生物资源产业的发展建言献策

为推进我国深海生物资源的产业化开发，加快推进我国深海生物资源产业发展，提出如下建议：

1. 加强深海生物资源产业发展的前瞻性布局，从国家战略需求出发做好顶层设计。以深海生物资源的农业、环保应用为近期目标，以深海生物资源的工业酶、保健品等开发为中期目标，以深海生物资源的创新型新药为长期目标，推进深海生物资源的产业化发展，服务建设海洋强国需要。

2. 整合国内深海生物资源研发团队，形成合力，组成我国深海生物资源研发领域的核心优势团队，使各领域的应用推广早日见效，形成具有市场化前景的深海生物资源产品。

3. 鼓励研发团队与企业对接，吸纳社会投资。加大深海生物专项资金支持，设立深海生物产业化基金，引进 PPP 融资模式，促进政府投资与民间资本的融合，推进深海生物产业稳步健康、可持续发展。

4. 通过落实重大专项，带动深海事业全面发展。国家海洋局已组织编制完成了"深海生物资源计划"。该计划以深海生物资源为核心抓手，覆盖资源获取、潜力评估、产业开发的完整链条，辐射环保、制药、农业等多个领域，对我国深海生物资源工作进行了为期 15 年的总体布局。从典型生境到产业化前端进行系统设计，解决生境认知与资源采探脱节问题；实现稀缺资源的针对性获取，开放多领域潜力评估，建立产、研对接机制，推进以农业、环保、制药等为代表的深海生物资源产业，实现国家在深海经济、政治、安全等方面全面的战略布局。

5. 加强对深海生物产业基础建设及资源共享服务平台的投入，建议建立国家级深海生物资源库及基因信息资源管理平台，打造深海生物资源开发利用公共支撑平台和多种活性筛选平台，为实现深海生物联合科学研究和开放共享，加强深海生物资源的深入研究和应用开发提供支撑。

6. 加强国际合作，紧跟国际动态。围绕深海生物圈的重大科学前沿问题，开展海上调查、基础研究与数据分析，整合国内优势，形成学科交叉，并通过国际合作，进一步提升我国的深海生物调查技术水平，提升我国在深海重大科学问题上的国际参与度，使我国逐步成为领跑者。

国家管辖范围以外区域海洋
遗传资源获取与惠益分享制度研究

郑苗壮，裴婉飞

　　国家管辖范围以外区域占全球海洋面积的 64%，是人类赖以生存和可持续发展的重要区域。[1] 随着对海洋生物多样性及环境保护的日益关注，以及近海资源的日益耗竭、资源开发和生物勘探能力的增强，国家管辖范围以外区域海洋遗传资源（简称"海洋遗传资源"）问题日益受到关注。[2]《联合国海洋法公约》（简称《公约》）及其执行协定没有规定海洋遗传资源及其获取与惠益分享的问题，存在法律上的空白。2004 年，联合国大会通过第 59/24 号决议决定设立国家管辖范围以外区域海洋生物多样性（BBNJ）不限成员名额非正式特设工作组，专门研究 BBNJ 养护和可持续利用问题。[3]2006—2015 年，特设工作组先后召开 9 次会议，对国家管辖范围以外区域的海洋遗传资源、划区管理工具、环境影响评价、能力建设和海洋技术转让等"一揽子"问题达成认识上的共识。2015 年 6 月联合国大会通过 69/292 号决议，决定在《公约》框架下就 BBNJ 养护和可持续利

　　①　Jeff A. Ardron, Malcolm R. Clark, Andrew J. Penney, et al., A systematic approach towards the identification and protection of vulnerable marine ecosystems. Marine Policy, 2014, 49:146-154.

　　②　郑苗壮，刘岩，徐靖.《生物多样性公约》与国家管辖范围以外海洋生物多样性问题研究. 中国海洋大学学报（社会科学版），2015，(02):40–45。

　　③　UNGA, Resolution on Oceans and the Law of the Sea, A/Res/59/24, 2004, Para 73.

用问题制定具有法律约束力的国际协定①，并设立BBNJ国际协定谈判预备委员会。2016—2017年，预委会共召开了4次会议就"一揽子"问题达成框架上的共识，形成向72届联大提交的BBNJ国际协定案文草案要素建议。

制定海洋遗传资源获取与惠益分享法律制度是《公约》框架下BBNJ执行协定中的核心问题。目前国际上关于获取和分享利用遗传资源产生惠益的法律文件，都不适用于国家管辖范围以外区域。《生物多样性公约》和《名古屋议定书》适用于国家主权管辖下领土、毗邻区、专属经济区和大陆架的遗传资源；《粮食和农业植物遗传资源国际条约》（简称《粮农条约》）仅适用于在国家主权管辖下与粮食安全有关的35种粮食作物和29种饲草。构建海洋遗传资源获取和惠益分享法律制度，应遵循《公约》的相关原则和规定。本文就海洋遗传资源法律地位、获取和惠益分享等主要问题进行探讨，提出构建海洋遗传资源国际制度的思路。

一、海洋遗传资源的法律地位

（一）公海自由原则

在国家管辖范围以外区域，即公海和国际海底区域（简称"区域"），1982年《公约》对于公海及"区域"规定了不同的管理原则和制度。公海适用《公约》第七部分规定所确立的公海自由原则。公海自由实际就意味着公海向所有国家开放。《公约》第87条规定公海是对所有国家开放的，不论其为沿海国或内陆国。公海自由是在《公约》和其他国际法规则所规定的条件下行使的。公海自由对沿海国和内陆国而言，除其他外，包括航行自由、飞越自由、铺设海底电缆和管道的自由、建造国际法所容许的人工岛屿和其他设施的自由、捕鱼自由和科学研究的自由。公海自由必须在执行《公约》所设定条件和其他国际法规定即充分关注其他国家利益和该区域开展活动的情况下予以实现。根据"除其他之外"（"inter

---

① UNGA, Development of an international legally binding instrument under the United Nations Convention on the Law of the Sea on the conservation and sustainable use of marine biological diversity of areas beyondnational jurisdiction, A.69/292, 2015.

alia")的表述，《公约》第87条关于公海自由的列举项并不是排他的。[①]
随着海洋技术的不断发展，公海自由不能因为穷竭式的列举而消耗殆尽。
公海自由还应涵盖其他尚不能预见的使用方式，包括在自然环境中获取或
采集（包含海洋遗传资源的）海洋生物样品，这些自然环境包括海洋生态
系统和生物栖息地，即海洋遗传资源的"原生境获取"。

《公约》规定所有国家享有公海捕鱼自由的权利，没有对"捕鱼"做
出明确界定。但是，1958年《公海捕鱼和生物资源养护公约》第3条将"捕
鱼"一词适用范围扩大至包括捕获鱼类和其他海洋生物资源。1995年《执
行1982年12月10日〈联合国海洋法公约〉有关养护和管理跨界鱼类种
群和高度洄游鱼类种群的规定的协定》第1条将"鱼类"定义为包括软体
动物和甲壳动物，但排除《公约》第77条所界定的定居种。根据区域渔
业管理组织或安排的管理实践，"公海捕鱼"是除了海洋哺乳动物和鸟类
以外，对所有海洋动物和植物资源的捕捞以及对微生物的捕捉和捕获。

国际科学界普遍认可科学家从公海捕捉和捕获海洋遗传资源有利于促
进科技创新和人类进步，在海洋科研船舶上采集公海遗传资源属于海洋科
学研究活动。若使用海洋生物资源的行为是"合理、正当的"，并不会造
成公海自由滥用或干涉其他国家行使公海自由的权利，这些活动可被认为
属于公海自由。采集海洋遗传资源的行为可被认为是"善意"行为，属于
捕鱼自由或海洋科学研究自由，或属于未明确的两种公海自由的混合。本
着维护《公约》规定各国的权利、义务和责任，公海遗传资源可以考虑在
《公约》项下各国的利益以及符合海洋环境保护与保全的规定，包括捕获、
研究和使用公海遗传资源的自由。

（二）人类共同继承财产原则

《公约》第136条规定，"区域"及其资源是人类共同继承财产。据
此规定"区域"及其资源适用于人类共同继承财产原则，任何国家不应对
"区域"的任何部分或其资源主张或行使主权或主权权利，任何国家或自
然人或法人，也不应将"区域"或其资源的任何部分据为己有。"资源"

---

① A. Proelss, ABS in Relation to Marine GRs, in:*Genetic Resources, Traditional Knowledge and the Law. Solutions for Access and Benefit Sharing*, E. C. Kamau and G. Winter (eds.), London: Earthscan, 2009, pp. 62-64.

是指"区域"内在海床及其下原来位置的一切固体、液体或气体矿物资源，其中包括多金属结核。该"资源"范围仅限于矿产资源，并不包括"区域"海洋遗传资源。从资源的科学和法律属性上来看，"区域"内的资源适用是矿产资源，属于"消耗性"资源，海洋技术先进国家会将其开发殆尽而排斥技术落后国家；而深海遗传资源属于生物资源的范畴，并非可消耗，也并不排斥技术落后国家的开发与利用。"区域"资源概念的限制性，是否意味着人类共同财产原则对该区域矿产资源的勘探和开发活动并不适用于深海海床的海洋生物和遗传资源，也不尽然。

《公约》第77条确立沿海国拥有勘探和开发大陆架自然资源的主权，"本部分所指的自然资源包括海床和底土的矿物和其他非生物资源，以及属于定居种的生物，即在可捕捞阶段海床上或海床下不能移动或其躯体须与海床或底土保持接触才能移动的生物。"上述两个定义区别仍然明显，《公约》第六部分所涉大陆架自然资源包括矿物资源和非生物资源，然而《公约》第133条区域资源除了矿物资源外，并未提到非生物资源。其次，大陆架自然资源包括有限种类的生物资源，即生物体属于定居物种。BBNJ国际协定应重点就"定居种"和其他类型的生物资源，属于《公约》第十一部分人类共同继承财产抑或"无主物"展开讨论。

二、海洋遗传资源的获取

（一）获取的类型

海洋遗传资源的获取类型主要包括原生境获取（in-situ access）、非原生境（ex-situ access）获取和生物信息学获取（in-silico access）。原生境获取是指在自然环境中获取或采集海洋生物样品（包含海洋遗传资源的），这些自然环境包括海洋生态系统和生物栖息地。尽管近年来，海洋科学及其技术装备取得很大进展，但是海洋遗传资源，特别是极端环境下的海洋遗传资源获取以及研究仍然远远不足。非原生境获取是在生物自然栖息地以外获取的海洋遗传资源，这涉及在国家管辖范围以外区域采集的储存在各国海洋遗传资源保存中心的样品，包括美国国家癌症研究所、日本海洋生物技术研究所生物资源中心和中国海洋微生物菌种保藏管理中心等66个国家的552个菌种保藏中心。非原生境获取主要通过双边途径或多边途径，获得的海洋遗传资源的基本信息以及现有的任何其他有关的非机密性说明信息。非原生境获取对促进全球范围内海洋科学研究具有重要作用，尤其是没有技术能力现场采集的发展中国家。生物信息学获取是获取生物信息学检测信息、数据和研究成果以及随后的成果，通过利用复杂的计算机计算模型，来检测生物模型、药品和医疗干预措施效果的方法。从本质上讲，非原生境获取和生物信息学获取属于分享利用海洋遗传资源产生惠益的内容，本部分讨论的获取是海洋遗传资源的原生境获取。

（二）获取的目的

《公约》规定公海科学研究自由，促进和便利海洋科学研究的发展和进行，没有对科学研究是否属于商业性利用做出区分，也没有采取不同方式对待，而虽然是谋全人类的利益但也并不能够将商业研究排除，只要科学研究是以和平目的并为谋全人类的利益进行的，就不应当被禁止。根据海洋遗传资源获取目的，菲律宾、哥斯达黎加等国家将其分为非商业目的和商业目的的获取，但是两者之间没有清晰的界限，在实际操作上难以区分。非商业目的和商业目的的获取都需要获得海洋遗传资源和海洋遗传材料开展科学研究，都有利于保护和可持续利用生物多样性，最终目的可能都要转化为产品开发和商业化利用。非商业目的和商业目的的获取只能通过研究成果利用的方式上加以区分，如非商业目的获取的研究成果更多进入的是公共领域，而商业目的获取的研究成果由私人主体所有，一般通过申请知识产权予以保护。

在国家管辖内获取遗传资源，提供国与使用国通过材料转让协议或"标准材料转让协议"限制遗传资源商业目的的获取，严格管制对公共和私营领域都产生了不利影响，特别是非商业目的科学研究受到较大的妨碍。[①]在国家管辖范围以外区域，获取海洋遗传资源的目的并不明确，主要是探索未知领域，增加人类认知和创新。目前，没有私营机构组织在深海获取海洋遗传资源用于研究和开发，私营机构依靠遗传资源保藏中心的样品，多采用与国家科学研究组织和学术机构合作的方式进行研究。海洋遗传资源商业目的和非商业目的的获取，在获取方法和工具上两种获取没有任何

---

① Kamau, E.C. and Winter, G., Streamlining Access Procedures and Standards, in Kamau/Winter (eds), Genetic Resources, Traditional Knowledge & the Law. London: Earthscan, 2009.

区别，如果公共机构和私营机构联合考察获取海洋遗传资源并进行研究，就更加大两者区分的难度和可操作性。非商业目的和商业目的科学研究的过程和方法没有区别，两种也难以建立有效的区分标准，二者之间的区别在于使用与海洋遗传资源活动有关的知识和结果，而不在于活动本身的性质，不应对海洋遗传资源获取进行分类管理。

（三）获取的性质

《公约》没有直接规定海洋生物勘探，但建立了矿产资源的勘探制度，并把生物或非生物自然资源的勘探活动认定为海洋科学研究的范畴。《公约》第 246.5 条规定，"沿海国可酌情决定，拒不同意另一国家或主管国际组织在该沿海国专属经济区或大陆架上进行海洋科学研究计划，如果该计划与生物或非生物自然资源的勘探（exploration）和开发（exploitation）有直接关系。《生物多样性公约》秘书处将生物勘探定义为"为了遗传和生物化学资源的商业价值开发利用生物资源"。[①] 生物勘探的过程包括四个阶段：第一阶段：现场样品采集；第二阶段：分离、鉴定和培养等实验室过程，对海洋遗传生物多样性的评价、新机理的发现、新基因的发掘与功能的验证；第三阶段：筛选潜在的用途，例如药物或其他用途；第四阶段：产品开发和商业化，包括专利，试验，销售和市场营销。[②] 由此可见，生物勘探涉及商业目的的研究和开发，包括从发现生物资源到专利申请、改进、开发和商业化的整个过程。[③] 海洋遗传资源获取则属于生物勘探的第一阶段，获取的资源采集量一般很小。

生物勘探适用于国家主权管辖内以保护本国的生物资源，打击生物剽窃或生物海盗及非法收集生物资源的活动。海洋遗传资源获取属于海洋科学研究，根据《公约》在公海和"区域"海洋科学研究自由或便利海洋科

---

① UNEP/CBD/COP/5/INF/7, available at: http://www.cbd.int/doc/meetings/cop/cop-05/information/cop-05-inf-07-en.pdf.

② D.K. LEARY,*International Law and the Genetic Resources of the Deep Sea*, Leiden:Martinus Nijhoff Publishers, 2007, pp.164-165.

③ International Expert Group convened by the Research Council of Norway, Possibilities for a bioprospecting commitment in Norway 2008–2020, available at http://www.forskningsradet.no.

学研究的规定，并不存在生物剽窃的情况，这也就失去了规定生物勘探的必要性和意义。此外，在未进入产品开发和商业化利用之前，海洋遗传资源利用不会对海洋遗传资源构成任何权利主张。只有海洋遗传资源经筛选评估过程之后，发现基因具有较为明朗的开发利用前景，才可能主张与海洋遗传资源相关的知识产权，而进入产品开发和商业化利用阶段。生物勘探的前期阶段即海洋遗传资源获取属于海洋科学研究的范畴，那也就失去了定义生物勘探并对其作出规定的必要性。

（四）获取的条件

海洋遗传资源因具有可复制性，可以一次获取持续利用。海洋遗传资源的获取不需要多次现场采集生物样品，也不需要持续采集，而且采集的样品数量一般极为有限。[①] 与公海渔业捕捞活动相比，不会造成大规模海洋生物体的捕捞、海洋物种栖息地的破坏以及海洋物种的减少，几乎不会影响海洋遗传资源获取区域的生物多样性。[②] 为规范海洋遗传资源的采集的方法，国际海洋科学组织制定了国际大洋中脊协会行为守则等科学家深海科学活动的行为守则，倡导在深海热液喷口开展科学研究时采取负责任的方法，科学家制定遵守相关环境保护要求的制度，如国际大洋中脊协会行为守则，以及中部大西洋中脊生态系统项目。获取对海洋环境的损害小，也不具有持续性，国际科学机构也在探索降低获取海洋遗传资源的方法和工具所造成的危害。为促进科学研究和鼓励创新，国际上通行的作法是尽可能地提供便利。获取作为分享利用海洋遗传资源产生惠益的前提，海洋遗传资源获取也应坚持便利获取原则，在更大程度鼓励创新，以支持全人类的进步和发展，不应对海洋遗传资源的获取人为制造障碍，阻碍创新。

（五）获取的管理

海洋遗传资源的获取与公海渔业捕捞、海上航行等海洋活动一样，都依赖船舶的作业或活动。根据《公约》第92条的规定，"船舶航行应仅悬挂一国的旗帜，而且除国际条约或本公约明文规定的例外情形外，在公

---

① Proksch P., Edrada-Ebel R.A., Ebel R., Drugs from the sea-opportunities and obstacles. Mar Drugs, 2003, 1:5-17.

② Hunt B., Vincent A.C.J., Scale and sustainability of marine bioprospecting for Pharmaceuticals, 2006, 35: 57-64.

海上应受该国的专属管辖。"《公约》规定"船旗国"是执行国际规则首要责任主体以及对悬挂该国国旗船舶享有专属管辖权,船旗国对船舶享有排他性管辖权。《联合国海洋法公约》第 94 条规定,每个国家都有"对悬挂该国旗帜的船舶有效地行使行政、技术及社会事项上的管辖和控制"义务,并进一步列举了每个船旗国的具体义务。根据船旗国管辖的规定,每个国家都有对悬挂该国旗帜的船舶参与国家管辖范围以外遗传资源的获取与惠益分享活动有效地行使行政、技术及社会事项上的管辖和控制义务。海洋遗传资源的获取活动应与《公约》规定的其他海洋活动保持一致,遵循船旗国管辖原则,由船旗国负责监管其获取活动并尽力制定合理的规则、规章和程序,如参照 1993 年联合国粮农组织《促进公海渔船遵守国际养护和管理措施的协定》对进行海洋遗传资源获取的船舶颁发许可证,使其在国家管辖范围以外按照《公约》及其执行协定进行。

三、海洋遗传资源的惠益分享

(一)惠益分享的范围

海洋遗传资源的实质范围决定分享惠益的资源范围,首要问题就是海洋遗传资源的定义。但是,《公约》没有定义海洋遗传资源,而现有国际文书和相关国际进程的讨论中,不同国家和利益相关就方遗传资源的定义存在较大分歧。在《生物多样性公约》中,"遗传资源"是指具有实际或潜在价值的植物、动物、微生物或其他来源的任何含有遗传功能单位的材料,该定义排除了不具有遗传功能的衍生物(天然产物),《粮食和农业植物遗传资源国际条约》中定义遗传资源也没有包括衍生物。而《名古屋议定书》在保留遗传资源定义的同时,又创造了"衍生物"的概念。"衍生物"是指由生物或遗传资源的遗传表达或新陈代谢产生的、自然生成的生物化学化合物,即使其不具备遗传功能单位。衍生物主要有不饱和脂肪酸、纤维素、糖类、蛋白质(胰岛素)等小分子化合物,是生物化学合成的产物,不含有具有遗传功能单位。"衍生物"背离了《生物多样性公约》关于"遗传资源"的定义,在一定程度上造成了《名古屋议定书》适用范围的混乱。世界知识产权组织的知识产权与遗传资源、传统知识和民间文学艺术政府间委员会就与遗传资源相关的知识产权问题经过 10 多年磋商,各方就遗传资源是否包括衍生物，以及是否定义衍生物达成一致。[①]在海洋遗传资源国际制度中，海洋遗传资源的定义应基于科学事实，严格遵从其科学属性，不能违背或违反科学性。在科学上进一步澄清海洋遗传资源的范围，尤其是衍生物（海洋天然产物）与遗传资源的关系，制定符合基于科学事实和证据的法律规定。

（二）惠益分享的途径

海洋遗传资源惠益分享是在不同主体的参与下运作和实现的，包括创造和提供惠益的主体与取得和享受惠益的主体。从惠益分享的路径来看，国家范围以外区域海洋遗传资源惠益分享全球多边系统选择的是"多边路径"，而非"双边路径"。之所以没有选择"双边路径"，一个很重要的原因是国家范围以外区域海洋遗传资源不受制于任何国家的主权。正因为这一点，国家范围以外区域海洋遗传资源的提供国（方）是不存在的，而仅存在海洋遗传资源的利用国（方），显然，基于提供国的"事先知情同意"以及提供国和利用方之间的"共同商定条件"的"双边路径"无法在海洋遗传资源惠益分享问题上适用。海洋遗传资源惠益分享全球多边系统中的惠益分享的主体要取决于其建立的惠益分享机制。

（三）货币化惠益分享机制

从已有的关于利用国家管辖范围内的遗传资源的国际法律制度及实践来看，货币惠益分享是实现分享利用遗传资源所生惠益的一种重要机制，但就实践而言实施效果并不理想。就分享利用国家范围以外区域海洋遗传资源所生惠益而言，其核心是遗传资源利用方的付款义务。付款义务的属性问题，也即付款义务是强制性的还是自愿性的义务问题。付款义务的强制性抑或自愿性，不仅依赖利用方与取得惠益方的博弈，更取决于利用方产品开发的投入和产出效益。鉴于海洋遗传资源的开发利用从取样、分离、培养、鉴定等实验室阶段，到商品开发投入市场，具有周期长、资金投入大、风险高等特点，货币化惠益分享的可行性存疑。以海洋药物开发为例，开发海洋药物的费用约为8亿美元，从采样到最终使产品商业化需要15至

---

① Intergovernmental Committee on Intellectual Property and Genetic Resources, Traditional Knowledge and Folklore, Consolidated document relating to intellectual property and genetic resource, WIPO/GRTKF/IC/28/4, 2014.

20年，成功率很低，大约只有0.001%产品能够通过临床试验投入生产。此外，货币化惠益分享与遗传资源相关的知识产权（包括专利、商标、工业设计、来源地标识等工业产权和版权）直接相关，但《专利合作条约》《与贸易有关的知识产权协议》等国际条约以及美国、欧盟和日本等国家立法都未明确要求在申请专利时强制披露海洋遗传资源的来源地，世界贸易组织、世界知识产权组织就来源披露问题讨论20年仍未取得任何实质性进展。

（四）非货币化惠益分享机制

相比于货币惠益分享机制在内容上的单一，非货币惠益分享机制是复合式的，包含不同形式非货币支付的分享机制。非货币惠益分享机制能够创造出更加直接、短时间内可获得的以及更能持续或长期存在的惠益。重要的是，非货币惠益分享机制特别顾及了发展中国家的利益和需要，通过实施非货币惠益分享机制将会极大地提升发展中国家和经济转型国家开发利用国家范围以外区域海洋遗传资源的科技水平和能力。国家范围以外区域海洋遗传资源惠益分享全球多边中的非货币惠益分享机制包括样本的便利获取、信息（与样本有关的数据和研究成果）交流、技术的获取和转让以及能力建设。样本的便利获取是对在国家范围以外区域原生境获取的海洋遗传资源的获取，即非原生境获取，可以将在国际文书生效后的原生境获取的海洋遗传资源纳入样本的便利获取的范围。同时，鼓励国际文书生效前，缔约方管辖范围下的法人和自然人持有的海洋遗传资源纳入多边系统。从多边系统获取海洋遗传资源是无偿的，只能收取管理费，但不应超出所涉及的最低成本或构成隐性获取费。获取的海洋遗传资源包括遗传材料、基本数据和信息以及非机密信息，以方便获取方开展利用或科学研究，但在获取时要签订海洋遗传资源转让的标准材料转让协议，协议中明确规定关于样本转让的条款和条件。信息交流可以将国家范围以外区域关于海洋遗传资源的海洋科学研究活动所得到的样本数据以及相关的研究成果将进入公共领域，从而形成一个与国家范围以外区域海洋遗传资源样本有关的数据和研究成果"公共池塘"。技术的获取和转让，应按照"公平和最有利的条件"以及"减让和优惠条件"向发展中国家和经济转型国家提供便利技术的获取和转让。能力建设方面，要把提高发展中国家和经济转型国家的能力建设作为其能力建设的优先领域，从而加大对发展中国家和经济转型国家能力建设的支持力度。

四、结论

构建《公约》框架下海洋遗传资源获取与惠益分享制度是一个复杂的问题，应与《公约》规定的原则、精神保持一致，还要与现有活动的一般规则和管理措施相适应，如捕鱼自由、海洋科学研究自由和船旗国管辖原则，不应随意改变或任意修订《公约》。公海的海洋遗传资源应按照公海自由原则，排除在 BBNJ 国际协定规范的海洋遗传资源规制之外。在不破坏《公约》和一般国际法规则的前提下，重点讨论"区域"有关的"定居种"适用人类共同继承财产原则或"无主物"以制定相关制度。

海洋遗传资源获取的方法和工具应尽量减轻对海洋环境的损害，倡导科学家遵守负责任的行为守则。海洋遗传资源原生境获取属于海洋科学研究，应遵循海洋科学研究自由的原则，鼓励创新并制定相应的激励机制。海洋遗传资源原生境获取应按照船旗国管辖的原则，由船旗国负责监管获取活动，并制定相关政策、措施和法律，确保获取活动符合《公约》及其执行协定的规定。在海洋科学认知的基础上定义海洋遗传资源及其相关术语，不能人为扩大或混淆其科学性。货币化惠益分享机制应根据海洋遗传资源获取、研究和利用的实际情况，盲目构建货币化惠益分享机制可能会破坏，甚至阻碍海洋遗传资源利用的商业化前景，不利于分享利用海洋遗传资源产生的多种惠益，包括非货币化惠益。非货币化惠益分享应充分顾及发展中国家和经济转型国家的利益和需要，并加大分享力度。此外，惠益分享机制要公开、透明，各国应按照协商一致的原则，公平公正地处理利用海洋遗传资源产生的惠益。

国家管辖范围以外区域
海洋遗传资源的定义及其法律地位探析

李晓静

覆盖地球表面积近 70% 的海洋是人类重要的蛋白质来源，同时作为气候调节器和重要的碳汇，在地球生态系统正常运转的过程中发挥着重要的功能作用。海洋遗传资源的发现，为人类利用海洋开拓了新的疆域。20 世纪 50 年代起，科学家们就开始了将 MGRs 应用于生物化学、生物学、生态学、有机化学和药理学的尝试，并取得了长足的发展。随着人们对国家管辖范围外（Area Beyond National Jurisdiction，简称 ABNJ）区域了解的加深，深海热液口，海底山以及其他的生态系统中分布着数量庞大、种类多样的生物，这些区域的生物群落改变了人们对海洋的认识，这些生物群落中蕴含的 MGRs 在制药、医疗、工业、化妆品等领域为科学家提拱了更多开发利用的可能性，[①] 人们也越来越多地把目光聚焦于这些蕴藏在深海的"蓝金"上。[②]

海洋科学研究和生物勘探技术的发展使得开采并利用 ABNJ 的 MGRs 成为可能。然而目前只有少数发达国家掌握了在这一区域进行海洋科学研究和生物勘探的高新技术，其他国家还只能望洋兴叹。在 ABNJ 开发和利用 MGRs 能够带来利益也能够造成破坏，由于生物多样性富集的区域生态环境脆弱，一旦造成破坏往往不可逆，伴随着 ABNJ 的 MGRs 开发和利用而

[①] Leary, David., Vierros, Marjo., Hamon, Gwenaelle., *et al.*, Marine genetic resources: a review of scientific and commercial interest[J].33 Marine Policy, 2009,190-192.

[②] JØREM,AE., Bioprospecting for blue gold in the high seas-regulatory options for access and benefit-Sharing[D].University of Oslo Faculty of Law,2012,1.

引发的一系列问题引起了国际社会的高度重视。如何保护和可持续利用 ABNJ 的 MGRs，在最大化的保持人们对 ABNJ 的 MGRs 开发热情的同时，不至于对这个区域的生态系统造成不可逆的破坏，同时能够让人类从这一大自然赋予的自然资源中普遍获益是目前各个国家关心的议题。那么什么是 MGRs？ ABNJ 的 MGRs 的地位在国际法上是如何规定的？这两个基本问题是国家之间展开谈判和对话、保护和可持续利用 ABNJ 的 MGRs 的先决问题，也是研究的重点内容。

一、MGRs 的定义及其法律地位的现状

（一）国际社会对 MGRs 问题讨论的历史

国际社会对 ABNJ 的 MGRs 的保护与可持续利用问题的关注可以追溯到 20 世纪的 90 年代。1992 年在里约热内卢召开的环境与发展大会号召大家要行动起来保护和可持续利用 ABNJ 的生物资源。[①]1995 年联大秘书长的报告中阐述了 ABNJ 的 MGRs 自身的价值，它是人类伴随着科技发展而新发现的资源，因而有必要专门对它的法律地位以及与之有关的科学研究的问题进行研究。[②]1999 年根据联大第 54/33 号决议成立的有关海洋和海洋法的非正式协商进程，在 2007 年 7 月的第 8 次会议上专门以 MGRs 为议题，专门研究了 MGRs 自身的价值、将 MGRs 进行商业化的相关活动，以及与 MGRs 有关的国际协调与合作的问题，这些议题对 ABNJ 的 MGRs 都有涉及。[③]2004 年联合国大会专门成立保护和可持续利用 ABNJ 的生物多样性临时工作组（Ad Hoc Open-ended Informal Working Group to Study Issues Relating to the Conservation and Sustainable Use of Marine

---

① Broggiato, Arianna., Amaud-Haond, Sophie., Chiarolla Claudio., *et al.*, Fair and equitable sharing of benefits from the utilization of marine genetic resources in areas beyond national jurisdiction: bridging the gaps between science and policy[J].39 Marine Policy,2014,3.

② Report of the secretary-general on the law of the sea, United Nations General Assembly[R]. A/50/713, 1 Nov.1995,S243.

③ Report on the work of the united nations open-ended informal consultative process on oceans and the Law of the Sea at its eighth meeting[R].United Nations General Assembly, A/62/169, 30 July.2007.

Biological Diversity Beyond Areas of National Jurisdiction，简称
BBNJ 工作组），致力于研究保护和可持续利用 ABNJ 的生物多样性问题。
2013 年 5 月，工作组在休会期间召开临时工作组会议，专门研究与 MGRs
相关的一系列问题，当然也包括 ABNJ 的 MGRs。经过 11 年的讨论和努力，
工作组最终在 2015 年 1 月 22 日召开的第 9 次会议上达成一致意见，向即
将召开的第 69 届联合国大会提议制定保护和可持续利用 ABNJ 生物多样性
的具有法律拘束力的实施协议，联大第 69 次大会根据 BBNJ 工作组的提议
通过了 A/69/L.65* 号决议，在充分尊重现有的海洋制度的基础上，要求
国家之间正式就保护 ABNJ 生物多样性的条约（简称 BBNJ 国际协定）开
启谈判。谈判分为两部分，2016-2017 年成立专门的委员会用于筹备工作
（Preparatory Process Committee，简称 PrepCom），2017 年底决定是
否在 2018 年召集制定条约的谈判会议，① 这一决议被誉为"翻开了公海保
护的新篇章"。决议明确提出 MGRs 是 BBNJ 条约重点关注的内容之一。工
作组一直致力于这个问题的研究，2013 年底工作组邀请 18 个国家就实施
协议的可行性、范围以及特征三个方面提交意见，从上述文件中我们看出
对于 ABNJ 的 MGRs 问题、国家之间在建立实施协定的相关问题上还存在许
多争议，尤其是在 MGRs 法律地位问题、获取与惠益分享问题上争议较大。

有关保护和可持续 ABNJ 的 MGRs 的相关问题，在历年联大会议"有
关海洋和海洋法"议题中一直是国家关注的重点。生物多样性公约
（Convention on Biological Diversity，简称 CBD）的每次成员方大会
也会讨论与 ABNJ 的 MGRs 有关的问题。国际海底管理局（International
Seabed Authority）、联合国粮农组织（Food and Agriculture Organization
of the United Nations）、联合国可持续发展峰会、国际海事组织
（International Marine Organization）以及另外一些非政府组织
包括世界自然保护联盟（International Union for Conservation of
Nature）、公海联盟（Highsea Alliance）都对 ABNJ 的 MGRs 开展了和自

---

① Development of an international legally-binding instrument under the United
Nations Convention on the Law of the Sea on the conservation and sustainable use of
marine biological diversity of areas beyond national jurisdiction[R].United Nations
General Assembly, A/69/L.65, 11.May 2015，1-3.

身职能相关的研究。

（二）MGR 定义的现状

人类从 20 世纪 50 年开始对 MGRs 进行研究，21 世纪初科技发展日新月异，一方面让人们利用 MGRs 范围拓展到国家管辖范围外的公海以及海底区域，另一方面，人们对 ABNJ 的 MGRs 的认识和利用能力也呈现井喷式的增长，截至 2009 年，有 4900 项专利与海洋生物的遗传资源有关，专利申请的数量以每年 12% 的速度递增。[①]ABNJ 的 MGRs 的保护与可持续利用问题引起了国际社会的关注。

1982 年制定的《联合国海洋法公约》（United Nations Convention on the Law of the Sea，简称 UNCLOS）将海洋划分为国家管辖范围内的区域和国家管辖范围外的区域，区域内的生物资源都处在主权国家的管辖之下，保护和可持续利用问题也都由国家自主决定。国家在 ABNJ 区域活动的主导原则是"公海自由"原则，公海可以自由地用来航行、飞越、铺设海底电缆和管道、捕鱼、建造人工岛屿和设施以及科学研究。国家在公海上的管辖权主要表现为"船旗国管辖"。海洋法第十一章专门就 ABNJ 海底区域的人类活动作出规定，[②] 受当时科技水平的局限，海底资源的范围限定在矿产资源，同时将矿产资源的法律地位定义为"人类共同继承财产"。[③]海洋法第七章规定了对海洋生物资源的保护和管理，生物资源的概念当然能够涵盖 MGRs，但从第七章第二部分的具体内容来看，条款规制的主要是公海上的捕鱼活动。[④]

1992 年的 CBD 第 2 条首次对遗传资源作出规定，"遗传资源"是指具有实际和潜在价值的遗传物质，而"遗传物质"指的是植物、动物、微生物以及其他可以承载着遗传信息的单位。CBD 将对遗传资源的获取与惠益

---

① Arrietaa, Jesús m., Amaud-Haondb Sophie., Duartea Carlosm. What lies underneath: conserving the oceans' genetic resources[R].107(43) Proceedings of The National Academy of Sciences of The United States of America, 2010,18318-18324.

② UNCLOS, Section 3,Part XI.

③ UNCLOS, Section 3,Part XI.

④ UNCLOS, Section 2,Part VII .

分享的适用范围限制在国家管辖范围以内，① 第一次明确了国家管辖范围内的遗传资源属于国家所有。

另外安第斯第 391 号决议，联合国粮农组织、欧盟、美国等国际组织和国家都在相关的条约中对遗传资源下过定义，只是在范围和表述上略有不同，② 这说明了目前国际社会对 MGRs 的定义还没有达成一致的认知，一方面是由于人类技术水平和认识能力的限制，另一方面也是由于 MGRs 本身作为"物"的属性的复杂性导致的。对 MGRs 的定义不统一，可能会导致法律的不确定性并有碍条约的执行，但是同时维持概念的多样性和可塑性，有利于条约应对有关 MGRs 的获取与惠益分享由于技术的更新带来的变化，尤其是当出现对 MGRs 新的利用方式的时候。③BBNJ 国际协定的中有关 MGRs 的定义问题，可以适当保持一定的弹性，国家之间也不会有太多的分歧和利益纠葛。

（三）MGR 的法律地位的现状

国家对 ABNJ 的 MGRs 的分歧集中在 MGRs 的法律地位的定性上。MGRs 的法律地位问题是 MGRs 的保护与可持续利用的先决问题，解决了法律地位的问题，才能制定后续的保护与可持续利用的实际操作规则，不同的法律地位的定性会直接影响保护与可持续利用的制度设计，也会直接影响国家在 ABNJ 这一海洋"剩余权利"区域内的利益分配格局。所以国家对 ABNJ 的 MGRs 的法律地位问题高度重视，这个问题也成了国际社会一系列有关保护与可持续利用 MGRs 谈判的焦点问题，同时也是今后的 BBNJ 国际协定制定过程中的关键问题。

从前文的分析可知，UNCLOS 由于制定年限较早，并没有考虑到 ABNJ 的 MGRs 的保护与可持续利用问题，在 UNCLOS 中我们找不到 MGRs 这个词。CBD 是专门针对生物多样性制定的条约，制度性创立了遗传资源的获取与

---

① CBD, Article 4.

② Intergovernmental committee on intellectual property and genetic resources, traditional knowledge and folklore[R]. World Intellectual Property Right Organization, 6-10 Dec.2010,6.

③ Schei Peter., Walløe Tvedt, Morten. 'Genetic resources' in the CBD the wording, the past, the present and the future[R]. The Fridtjof Nansen Institute Report 4,2010,14.

惠益分享制度，但是为了避免与UNCLOS中的"公海自由"原则相冲突，[①]CBD将MGRs的获取与惠益分享制度适用范围限制在了国家管辖范围以内。至此，在国际社会最重要的两个有关海洋生物的国际条约当中，我们都找不到有关ABNJ的MGRs的保护与可持续利用的依据。国家之间进行谈判的时候，根据国际法规定的条约解释的基本原则，在对现有的国际法律框架的解释方面形成了两个截然不同的阵营。

其中一个阵营是以美国和日本等发达国家为代表的"公海自由派"。持这一观点的国家认为：ABNJ承载MGRs的遗传物质（包括植物、动物、微生物及其他生命单位）分布在水体和海床上，UNCLOS第XI部分规定的国际海底区域属于"人类共同继承财产"的资源指的是矿产资源，水体和海床上的其他生物资源应当按照缺省模式依据"公海自由"原则来规制[②]，所以这些承载着MGRs的生物资源属于"无主物"，获取的原则是"先到先得"原则，这属于"公海自由"原则中未能穷尽列举的自由之一。这也进一步意味着国家在履行了UNCLOS规定的对海洋环境保护应尽（due diligence）的义务的前提下，可以在ABNJ自由地进行海洋科学研究（Marine Scientific Research，简称MSR）以及生物勘探活动（Bioprospecting）。这一立场的提出，有利于MSR和生物勘探活动的开展，对于在ABNJ的MGRs开发利用领域占有资金和技术绝对优势的发达国家来讲，是符合自身国家利益的。MGRs的提取本身就是一项需要高度发达的技术，花费大量的资金和时间成本的活动，发达国认为如果将ABNJ的MGRs视为是人类共同继承财产，会在很大程度上抑制相关主体进行科学探索的积极性，进而使得一些原本能提升人类生活质量的遗传资源，只能默默无闻地继续存在于ABNJ。

另一个阵营是以中国和G77国家等发展中国家和不发达国家代表的"人

---

① CBD, Article 22(2).

② Scope, parameters and feasibility of an international instrument under the United Nations Convention on the Law of the Sea[R].United Nations General Assembly Ad Hoc Open-ended Informal Working Group to Study Issues Relating to the Conservation and Sustainable Use of Marine Biological Diversity Beyond Areas of National Jurisdiction,11 Mar.2014,12.

类共同继承财产派"。① "人类共同继承财产"这个概念是 1967 年马耳他常驻联合国大使阿维德·帕多在 22 届联合国大会上讨论国际海底权利时提出的，他的这一主张后来被 1979 年的《月球协定》和 1982 年的 UNCLOS 采纳，UNCLOS 规定了国际海底"区域"内的矿产资源属于人类共同财产。这些国家主张 UNCLOS 制定的时候人们还没有关注到 MGRs 的问题，将"区域"的矿产资源规定为"人类共同继承财产"的制度安排，就是为了让人类共享这一公共区域的资源，在拥有技术和资金的发达国家与没有能力开发这些资源的发展中国家和落后国家之间进行的合理的利益分配。这个制度提出的背景和当下对 ABNJ 的 MGRs 开发和利用的背景类似，区域的矿产资源所在的位置与 ABNJ 的 MGRs 所在的位置也基本重合，通过合理的解释 UNCLOS 的条款，用"人类共同继承财产"原则覆盖 ABNJ 的 MGRs 符合 UNCLOS 所主张的公平公正的原则。另外，发达国家所主张的"先到先得"原则可能放任国家对 ABNJ 的 MGRs 破坏性的开采，进而导致"公地悲剧"的出现。将 ABNJ 的 MGRs 作为"共有物"视为"人类共同继承财产"，进而拓展国际海底管理局（International Seabed Authority）的管辖范围，由这一专门机构进行管理，有利于保护海洋环境，避免"公地悲剧"的发生。从 ABNJ 的遗传物质中提取出的 MGRs 应当属于人类共同所有，应用 MGRs 所产生收益也应当在国家之间进行分享。

当然还有国家主张对于 ABNJ 的 MGRs 法律地位的判定应当依据 MGRs 所处的地理位置做出不同的区分，公海上适用"公海自由"原则，国际海底区域适用"人类共同继承财产"原则。还有一些国家主张不要紧盯着 ABNJ 的 MGRs 的法律地位的问题不放，海洋生物多样性的保护和可持续利用迫在眉睫，既然国家间难以就这个问题达成一致的意见，不如直接将目

① 根据 2014 年 BBNJ 会议上国家提出的意见，澳大利亚，智利（代表 77 国集团），哥斯达黎加，牙买加，秘鲁菲律宾，新加坡，南非，泰国均主张 MGR 作为人类共同继承财产。"Scope, Parameters and Feasibility of an International Instrument Under the United Nations Convention on the Law of the Sea", United Nations General Assembly Ad Hoc Open-ended Informal Working Group to Study Issues Relating to the Conservation and Sustainable Use of Marine Biological Diversity Beyond Areas of National Jurisdiction, 11 Mar.2014.

光投向更为实际的获取与惠益分享的问题，搁置 MGRs 的法律地位的争论。[①]
但是 ABNJ 的 MGRs 的获取与惠益分享解决的前提是明确 MGRs 的法律地位，
法律地位明确以后，才能有序地在 ABNJ 开展 MGRs 的开发和利用活动。活
动带来的收益要不要在国家间进行分享，如何分享，也有赖于对 MGRs 的
法律地位有个初始的明确界定。

二、MGRs 的定义及其法律地位的阐明

（一）MGRs 的定义

目前没有国际社会普遍认可的对 MGRs 的定义。1992 年签订的 CBD 中
认为遗传资源是指具有实际或潜在的价值的遗传材料，遗传材料是指来自
植物、动物、微生物或其他来源的任何含有遗传功能单位的材料。2007 年
有关海洋和海洋法非正式协商进程的第 7 次会议在讨论 MGRs 的定义时，
提出 MGRs 是指所有从海洋生物中提取的遗传材料，包括哺乳动物、鱼类、
无脊椎动物、植物、真菌、细菌、古生菌以及病毒。绝大多数的海洋生物
属于微生物，它们占据了高达海洋生物总数的 90%，其中新近发现的古生
菌群落占据了海洋生物群落的 50%。[②]2013 在 BBNJ 工作组休会期间就 MGR
问题学者们进行了专题讨论，有学者提出 ABNJ 蕴藏着大量与沿海地区不
同的 MGRs，[③] 有必要进行专门的保护。由此可见，ABNJ 的 MGRs 应当指的
是主要存在于微生物中的遗传材料，国际社会保护的对象应当是承载着
MGRs 的遗传材料。

---

① 欧盟持这一观点。"Scope, Parameters and Feasibility of an International
Instrument Under the United Nations Convention on the Law of the Sea", United
Nations General Assembly Ad Hoc Open-ended Informal Working Group to Study Issues
Relating to the Conservation and Sustainable Use of Marine Biological Diversity Beyond
Areas of National Jurisdiction,11 Mar.2014.

② Cohen Harlan. Conservation and sustainable use of marine genetic resources:
current and future challenges[R]. United Nations Open-ended Informal Consultative
Process on Oceans and the Law of the Sea, Eighth Meeting,27 June 2007,4.

③ Juniper Kim. Mgr in ABNJ: clarifying terminology and constraining
expectations[R]. Intersessional Workshop on Marine Genetic Resources,2-3 May
2013,New York,8.

（二）MGRs 的法律地位

从上文的分析中我们得知对于 ABNJ 的 MGRs 的法律地位一直有"公海自由论"和"人类共同继承财产"的主张，其实两派的主张都有各自的道理。如果严格解释海洋法，应该是水体中的 MGRs 适用公海自由原则，[①] 国际海底区域内的 MGRs 适用人类共同继承财产原则。[②] 但是承载着 MGRs 的海洋生物有些是定栖物种，有些则会不定期地变换生活的场所，在对 MGRs 的保护和可持续利用问题上，将国际海底区域的上覆水域（也就是公海）与国际海底区域的 MGRs 分开管理在理论上很难区分，现实的操作中也面临着很多问题，难以区分承载 MGRs 的生物是来源于公海还是来源于国际海底区域。现在国家之间协商的重点是在公海的水体和海底区域内共同选择适用哪种制度，因为制度的选择直接影响保护与可持续利用的制度构建，如果视为人类共同继承财产，那么在 ABNJ 采集的 MGRs 就不能申请专利，同时要对收益进行分享，包括货币和非货币收益。如果视为可自由获取的公海生物资源的一部分，那么就不涉及惠益分享的问题，可能也会阻碍对这部分资源的管理。

深海海底的极端环境孕育了极端环境下生存的微生物，这些微生物常年生活在极端的温度、压力、盐度和 PH 值的环境下，使它们具备了人类未知的遗传特性。保护和可持续利用 ABNJ 的 MGRs 主要是防止人类活动给 MGRs 带来的毁灭性的影响，破坏海洋的生态平衡，使得一些有价值的 MGRs 在人类真正有能力利用之前就灭绝了。直接给 ABNJ 的 MGRs 造成影响的人类活动主要有以下几类，1. 海底拖网捕鱼。海底拖网捕鱼是一种工业捕鱼方法，船舶拖着厚重的渔网掀起的海底浅层沉淀物巨浪能在太空被观测到，[③] 是最具破坏力的捕鱼方式。海底拖网捕鱼对微生物聚集的海沟、冷泉、海山和热液口都会带来毁灭性的损害，导致底栖生物多样性和生态

---

① UNCLOS，Part XI,Art.135 规定，区域的制度不影响海洋法对区域上覆水域以及水域上空的法律地位的规定。

② UNCLOS，Part XI,Art.136 规定，区域和区域内的资源属于人类共同继承财产。

③ Bottom trawling impacts on ocean, clearly visible from space[EB/OL]. ScienceDaily, (20-02-2008), [30-03-2016].https://www.sciencedaily.com/releases/2008/02/080215121207.htm.

系统功能的崩溃，打破整个海洋生态系统的平衡，[①] 所以现在区域的海洋
渔业组织一般都有禁止海底拖网捕鱼的规定。2. 海洋科学研究，UNCLOS 第
十一部分内容专门规定了国家在国际海底区域以及 ABNJ 的水体内进行科学
研究的自由。同时也规定了进行海洋科学研究的时候要遵守 UNCLOS 规定
的环境义务，海洋科学研究只能以和平的目的和人类的共同利益而展开，[②]
所以海洋科学研究的成果要公之于众并可以自由的获取，尤其要注重发展
中国家的能力建设。[③] 海洋科学研究给 MGRs 带来的影响主要是进行样本的
现场采集时改变了 MGRs 生存的外界环境。3. 生物勘探，针对前述生物的
生物勘探活动往往在这些生物的富集区域展开，包括深海的海沟、冷泉、
海山和热液口。具体的内容包括现场收集样本、提纯和培养具体的化合物，
发现潜在的用途，进行产品开发和商业化。生物勘探在 UNCLOS 中没有提
及，因为它的第一、第二个阶段与海洋科学研究基本重合，所以有国家建
议按照 UNCLOS 对海洋科学研究的规定规制生物勘探。但是 UNCLOS 第十一
部分规定了海洋科学研究不能作为海洋权利主张的依据，与生物勘探后续
的专利申请和产品开发存在明显的冲突。生物勘探在第一阶段现场收集样
本的时候，对海洋生物数量的需求并不大，但是过程中的光源、噪声和温
度的改变都可能对生物群落造成影响，另外由于改变洋流导致微生物的位
移或遗弃样本或过度开采都可能对生物带来污染。然而这些影响并没有具
体的数据支持，所以目前为止在进行生物勘探活动的时候主要是坚持环境
法中的谨慎的原则。[④]4. 海底矿产资源勘探开发。自从海洋法第十一部分
的实施协定于 1994 年正式生效以来，海底矿产资源开发一直在筹备阶段。
2011 年国际海底管理局与加拿大的鹦鹉螺采矿公司在巴布亚新几内亚签订
了名为 Solwara 1 的开采金矿和铜矿合约，经过几年的筹备，该计划预计

---

① Steiner Richard. Deep sea mining a new ocean threat[N/OL]., The Huffington
Post,(21-10-2015)[30-03-2016]. http://www.huffingtonpost.com/richard-steiner/deep-sea-
mining-new-threa_b_8334428.html.

② UNCLOS, Part XI,Art.143.

③ UNCLOS, Part XI.

④ Bioprospecting in the global commons: legal issues brief [EB/OL]. UNEP,2,
http://www.unep.org/delc/Portals/119/Biosprecting-Issuepaper.pdf

将于 2018 年开始实施。如果一切顺利，这将是第一例位于太平洋岛屿地区的深海勘探开发活动。海底勘探开发活动可能带来的威胁有：大面积的海底栖息地退化、物种灭绝、栖息地的多样性减低、延迟或者难以复原、悬浮的羽状沉淀物、矿石表面脱水形成有毒的羽状物、对深海生态系统的影响、运输过程中的天然气和原油泄漏。以上都需要对海底勘探开发活动进行事前的环境评估以及全程的监管。① 除此以外，ABNJ 的 MGRs 还面临着垃圾倾倒、化学和放射物质处理、海底电缆管道铺设等人类的直接活动的影响。

由此可见保护和可持续利用 ABNJ 的 MGRs 需要应对的风险主要来自两个方面，其中一方面是非针对 MGRs 的人类活动，包括海底拖网捕鱼、海底勘探开发、向海洋中倾倒各种垃圾、海轮运输中发生的天然气和原油泄漏、铺设海底电缆管道等行动，这些活动破坏承载着 MGRs 的遗传材料的微生物的栖息地以及海洋生态系统平衡。这部分人类活动不是讨论的重点，同时对这些活动在海洋法保护海洋环境的框架之下，各自都有相应的条约进行管理。另一个方面是直接利用 ABNJ 的 MGRs 进行的海洋科学研究和生物勘探活动，ABNJ 的 MGRs 的法律地位直接决定了这两类活动如何开展，以及如何利用 BBNJ 国际协定进行规制的问题。

一般的自然资源如森林、矿产、土地、动物和植物作为物的表现形态就是它们在自然界中的物理形态。MGRs 作为物不仅表现为有形的植物、动物、微生物等遗传材料，这些载体承载的无形的遗传信息才是最体现其价值的因素。MGRs 的这一特性决定了 MGRs 的利用方式与普通的资源不同，作为一种信息可以轻松复制的特性决定了对于遗传材料只进行少量的取样就可以展开研究和商业利用。对于 ABNJ 的 MGRs 的保护与可持续利用问题的核心是如何对资源做出合理的产权安排。经济学家科斯认为在交易成本大于零的情况下产权的界定与否以及如何界定产权直接关系到资源的排他性占有和使用。ABNJ 的 MGRs 开发和利用过程中交易成本是大于零的，应当明晰产权，MGRs 的法律地位其实就是产权安排在 BBNJ 国际协定中的法

---

① Deep sea mining PNG's sensitive marine ecosystems[EB/OL]. Papua New Guinea Today, (3-04-2016), [30-03-2016].https://ramumine.wordpress.com/2016/04/04/deep-sea-mining-pngs-sensitive-marine-ecosystems/

律表达。就目前发达国家与发展中国家之间对 ABNJ 的 MGRs 的法律地位的争执，提出以下两点解决路径。

1. 依据国际条约法中规定的条约解释的原则，ABNJ 的 MGRs 原本应该适用不同的原则来开发和利用，但是实践中这二者很难区分，所以 BBNJ 的国际协定在规定 MGRs 的法律地位的时候，应当将存在于国际海底区域的 MGRs 与存在于公海的 MGRs 一并作出规定，这样更有利于 ABNJ 的 MGRs 的保护与可持续利用问题的解决。保护与可持续利用 ABNJ 的 MGRs 现存的法律冲突是 UNCLOS 中的人类共同继承财产原则和 UNCLOS 中的公海自由原则之间的冲突，以及 CBD 中的遗传资源的获取与惠益分享制度与 TRIPs 协议中对可专利性的要求之间的冲突，只有将不同区域的 MGRs 一起规定，才能解决现存的冲突。

2. 对于 ABNJ 的 MGRs 的法律地位笔者建议分成两个层面进行规定。经济学家巴泽尔在《产权的经济分析》一书中提出了资产的多维属性，MGRs 同时表现为遗传材料和遗传信息，具备资产的多维属性的特征，有必要从这两个层面分别界定产权。产权的界定是有成本的，巴泽尔认为对于那些产权界定成本较高的属性可以暂时留在公共领域不予界定。[①]

主张 ABNJ 的 MGRs 作为人类共同继承财产的学者认为对 ABNJ 的 MGRs 的获取适用公海自由原则会导致不负责任的开采，酿成"公地悲剧"。但是上文中我们提到直接利用 ABNJ 的 MGRs 的人类活动只有两类：海洋科学研究和海洋生物勘探，这两类活动在初始进行 MGRs 样本采集的时候性质一样，只是海洋生物勘探还有后续的发现潜在用途并进行商业开发的阶段。这两种活动使用 ABNJ 的 MGRs 时都是采取少量的样本，并不需要大量的资源，所以基本上不存在过度开发、破坏性开发的情况。采集样本的过程中会给微生物的栖息地带来温度变化、光污染、噪声污染等影响，但是总体而言影响不大，这部分影响可以由 UNCLOS 第十二部分有关海洋环境保护的内容加以规制。人们对 MGRs 的认识有限，它们又位于 ABNJ，对 MGRs 的产权界定成本比较高，所以可以把 MGRs 的产权留在公共领域，MGRs 的

---

① [美]巴泽尔.产权的经济分析[M].上海：上海人民出版社，2003：3-19。Barze,Yoraml. Economic analysis of property rights[M].Shanghai: Shanghai People's Publishing House,2003:3-19.(in Chinese)。

采集可以适用"先到先得"原则，也符合格劳秀斯提出的"公海自由原则"。①MGRs的勘探和开发利用成本高、周期长，对技术的要求也非常高，如果坚持人类共同继承财产原则，意味着在采样的时候要遵循CBD中规定的"事先知情同意"原则以及共同商定条件原则，这样的规定可能会限制生物勘探技术持有者的开发热情，从而影响对ABNJ的MGRs进行研究和开发的进程，这对人类的整体福利可能是一种损失。②

样本采集过程完成以后，通过实验在实验室提取出的遗传材料上承载的MGRs信息，应当视为人类共同继承财产，作为共有物由人类共同享有，所以应设立相关的惠益分享机制。国家管辖范围内的遗传资源的保护与可持续利用问题与ABNJ的MGRs的保护与可持续利用有相似之处，CBD规定的惠益分享的内容包括非货币利益的分享和货币利益的分享，CBD还为遗传资源惠益分享原则的具体实施通过了波恩准则和名古屋议定书③。CBD制定的有关获取与惠益分享制度的前提是：1.这些遗传资源处在国家管辖范围之内；2.传统知识④对遗传资源的开发和利用具有十分关键的作用，遗传资源的开发利用国理应与遗传资源的提供国共享开发利用的成果。在

———————

① JØREM,A,E., Bioprospecting for blue gold in the high seas-regulatory options for access and benefit-Sharing[D].University of Oslo Faculty of Law,2012, 83.

② 根据现有的数据，巴西每年收到的生物材料使用申请约为400件，处理这些申请的速度是每年25-50件，2002年到2007年，哥伦比亚共收到50份申请，目前有22项申请由于获取生物资料的方式不合格被否决，剩下的还在审议之中。Carl-Gustaf Thornström, "Access and Benefit Sharing: Understanding the Rules for Collection and Use of Biological Materials", Bioprospecting, Traditional Knowledge, and Benefit Sharing,16,2,1462, http://www.iphandbook.org/handbook/ch16/p02/.

③ Biber-Klemm, Susette., Martinez, Sylvia. Access and benefit sharing good practice for academic research on genetic resources[M/OL].Swiss Academy of Sciences,2006, 5，http://www.iisd.org/pdf/2006/abs_swiss_abs_good_practice.pdf.

④ 传统知识指的是通过多年反复观察和使用相同的技术开发出的关于各种生物资源的使用和性能的知识。BISWAJIT DHAR R.V. ANURADHA, "Access, benefit sharing, intellectual property rights: establishing linkages between the agreement on trips and the convention on biological diversity",6,http://wtocentre.iift.ac.in/Papers/2.pdf.

ABNJ 这种共享的前提其实不存在。国家管辖范围外的遗传资源本身处在公海上属于公海自由的范围，ABNJ 的遗传材料当中承载的 MGRs 的信息是通过人类活动被发现的，它是"我们从祖先那里继承的馈赠"①，理应作为人类的共同财产，让人类共享。将 ABNJ 的 MGRs 上的遗传信息作为共有财产，共享的应该是分享研究和开发成果，在科研活动中相互合作以及允许利用 MGRs 移地设施和数据等非货币利益。②MGRs 作为一种资源它的价值其实主要体现在它所承载的遗传信息上，在 BBNJ 国际协定的框架内建立合理的信息和技术的分享机制，授人以鱼不如授人以渔，对于提升发展中国家利用 MGR 的能力，缩小南北差距都更具现实意义和可操作性。③目前，在 ABNJ 相关国家或者公司在获得 MGRs 的信息以后，第一时间是申请专利，根据 TIRPS，从生物材料中提取出的 MGRs 以及提取 MGRs 的过程目前都可以通过申请专利将他们垄断起来。这一制度与 ABNJ 的 MGRs 在国家间的惠益分享是有冲突的。④ABNJ 的 MGRs 作为人类共同财产各个国家应当能够自由使用，并有机会共享这些遗传资源在制药、工业、化妆品领域给人类带来的福利。ABNJ 的 MGRs 应当排除在可申请专利的范围之外，通过建立基因资源库等方式提供给国家自由使用，建立的基因库可以选择存储原料，例如微生物的样品，或者选择存储于生物材料有关的数据，不存储实物样品。⑤ 建立基因库共享遗传资源的制度也符合 UNCLOS 第 244 条：不论是否有专利保护都要出版和传播有关微生物的研究结果的规定。

---

① World Heritage Information Kit[EB/OL]. World Heritage Centre,2005,5 http://whc.unesce.org/documents/publi_infokit_en.pdf.

② 参见《生物多样性公约关于获取遗传资源和公正和公平分享其利用所产生惠益的名古屋议定书》，附件第 2 条有关非货币惠益分享的内容。

③ JØREM,A,E., Bioprospecting for blue gold in the high seas-regulatory options for access and benefit-Sharing[D].University of Oslo Faculty of Law, 2012,88.

④ Tellez,Viviana Munoz, The campaign against' biopiracy' : introducing a disclosure of origin requirement[EB/OL]. http://www.ipngos.org/NGO%20Briefings/Disclosure%20of%20Origin%20rev.pdf.

⑤ JøreM,AE., Bioprospecting for blue gold in the high seas-regulatory options for access and benefit-Sharing[D].University of Oslo Faculty of Law, 2012,98.

三、结论

BBNJ 工作组创始以来中国参与的历次谈判中，我们都在谋求中国在国际事务中的话语权。此次 BBNJ 条约的制定，是对国际社会的"剩余权利"的再分配，也是中国参与国际条约制定的重要契机。积极地发出中国声音，提出建设性意见，对中国未来的发展有多方面的益处。第一，充分的参与讨论并发表意见，可以为中国在参与国际法的制定过程中积累丰富的实践经验；第二，可以在国际层面展示中国向国际社会提供公共产品的软实力；第三，中国参与讨论并提出的建议可以充分地展示中国对国际问题的认识、对国际秩序的尊重，从而建构中国温和崛起的大国形象；第四，参与国际法的制定，还可以通过积极的作为，在国际法制定的时候表达中国意见，让国际法契合中国的国家利益，在以后践行国际法的同时实现对中国国家利益的维护。让国际社会认可中国的前提是中国能够提供有价值的公共物品。就像格劳秀斯当初提出"公海自由"原则一样，中国提供给国际社会的公共物品既要契合自身的利益，也要符合国际法发展的趋势，才能被国际社会接纳和认可。这既是国际法学者将理论运用于实践的机会，也是对国际法学者研究水平的重要考验。

BBNJ 工作组自 2004 年成立以来，对于 ABNJ 的 MGRs 的法律地位的探讨一直是工作组讨论的重点内容。一方面，位于 ABNJ 的 MGRs 的价值的发现有赖于科技的进步，MGRs 作为物本身的性质较为特殊，在现有的国际法律框架内找不到规制的依据；另一方面，由于发展中国家与发达国家在谈判中从本国利益出发，各自为政，谈判一直没有取得实质性进展。ABNJ 的 MGRs 作为物性质特殊，根据经济学家巴泽尔提出的物的多维属性，对每一种属性的法律地位可以分开界定，对海洋遗传资料自由获取的规定能够促进遗传材料利用的效率，对遗传材料承载的信息的共享也兼顾了遗传资源在国家之间分配的公平，这种产权安排的建议是弥合国家之间分歧的一条可能的路径。

全球具有生态或生物重要意义的海洋区域识别与描述——《生物多样性公约》科咨附属机构第20次会议的进展情况

郑苗壮，刘岩，裘婉飞

当前，国家管辖范围以外区域海洋生物多样性（Marine Biodiversity Beyond Areas of National Jurisdiction，简称"BBNJ"）问题既是海洋法领域的热点，也是《生物多样性公约》（the Convention on Biological Diversity，简称"CBD"）谈判中的焦点问题。CBD 缔约方大会（Conference of the Parties，简称"COP"）多次通过相关决定，力求在国际、区域和国家层面推动 BBNJ 问题的解决。COP 下设的科学、技术和工艺咨询附属机构（Subsidiary Body on Scientific, Technical and Technological Advice，简称"SBSTTA"）是根据 CBD 第 25 条建立的，对所有缔约方开放，向缔约方会议，并酌情向它的其他附属机构及时提供有关执行 CBD 咨询意见的附属机构，其讨论结果对历次 COP 会议决定有直接影响。[①] 近年来，SBSTTA 按照 COP 授权，就 BBNJ 问题开展了大量

---

① SBSTTA 的主要职责：（a）提供关于生物多样性状况的科学和技术评估意见；（b）编制有关按照本公约条款所采取各类措施取得的成效的科学和技术评估报告；（c）查明有关保护和持续利用生物多样性的创新、有效的和当代最先进的技术和专门技能，并就促进此类技术和开和 / 或转让的途径和方法提供咨询意见；（d）就有关保护和持续利用生物多样性的科学方案以及研究和开发方面的国际合作提供咨询意见；（e）回答缔约国会议及其附属机构可能向其提出的有关科学、技术、工艺和方法的问题。

工作。

2016 年 4 月 25 日至 30 日,科学、技术和工艺咨询附属机构(Subsidiary Body on Scientific, Technical and Technological Advice, SBSTTA 或科咨附属机构)第 20 次会议在加拿大蒙特利尔召开,会议审议了《公约》秘书处编制的东北印度洋、西北印度洋和东亚海关于确定符合 EBSAs 标准的进展报告、汇总报告草案和区域总结报告,讨论国家管辖范围以外区域海洋生物多样性问题的法律框架,继续举办 EBSAs 区域讲习班,准备组建 EBSAs 专家咨询小组以及开展修订《科学准则》等问题。会议决定将东北印度洋、西北印度洋和东亚海三个区域的《关于确定符合具有生态或生物学重要意义科学标准海洋区域的汇总报告》向 2016 年 12 月在墨西哥坎昆举行的 COP-13 提交审议,再次重申联大在解决国家管辖范围以外区域海洋生物多样性问题的核心地位。

一、描述 EBSAs 进程的概述

(一)蓄势阶段

1995 年 SBSTTA-1 向 COP-2 建议 CBD 秘书处与联合国海洋与海洋法司协商,研究 CBD 与《联合国海洋法公约》(United Nations Convention on the Law of the Sea,简称"UNCLOS")之间在保护和可持续利用深海遗传资源的关系,以便 SBSTTA 能酌情审议与勘探深海遗传资源有关的科学、技术和工艺问题。2002 年联合国可持续发展大会通过的《可持续发展问题世界首脑会议约翰内斯堡执行计划》提出,"维持重要、脆弱的海洋和沿海地区的生产力及生物多样性,包括国家管辖之内和之外的地区",同时提出"到 2012 年建立有代表性的保护区网络"的目标。受此影响,CBD 框架下涉及国家管辖范围以外区域海洋生物多样性问题的讨论转移到"国家管辖范围外海洋保护区"(公海保护区)。

2002 年 SBSTTA 下设的海洋和沿海保护区特设专家工作组[①] 提议 COP 作为紧急事项，启动与相关国际组织的沟通以便就公海保护区问题确定适当的机制和责任。2003 年 SBSTTA-9 就海洋保护区问题建议：一是有必要在科学信息基础上，根据国际法，就包括海山、热液喷口等在内的国家管辖范围以外区域设立公海保护区；二是符合 UNCLOS 在内的国际法，探索在国家管辖范围以外区域设立公海保护区的方式。

（二）初步定型阶段

2004 年 COP-7 就公海保护区问题作出决定，迫切需要进行国际合作与行动以保护和可持续利用国家管辖范围以外区域的海洋生物多样性，包括根据国际法，在科学信息的基础上，在海山、热液喷口、冷水珊瑚礁以及其他生态系统脆弱区建立公海保护区；承认《联合国海洋法公约》为管理国家管辖范围以外海洋提供了法律依据，要求公约秘书处与联大以及其他国际和区域组织合作，支持联大相关工作，以确定适当机制建立和有效管理公海保护区。会议取得两项突破性成果，一是将国家管辖范围以外区域海洋生物多样性问题纳入 CBD 海洋和沿海生物多样性问题工作计划；二是设立保护区问题不限成员名额特设工作组，探索合作建立公海保护区的可能方式。[②]

2005 年保护区问题不限成员名额特设工作组第一次会议围绕在国家管辖范围以外区域设立公海保护区的可能方式展开激烈讨论，欧盟、拉美和加勒比集团与冰岛、日本、挪威就是否设立公海保护区、制定《联合国海洋法公约》第三个执行协定等问题存在根本性分歧，没有达成共识。

2006 年 COP-8 确认，联大在处理国家管辖范围以外区域海洋生物多样性问题方面的中心作用，UNCLOS 是一切海上活动的法律框架，CBD 为国家

---

① 1998 年 COP 4 授权成立海洋和沿海保护区特设专家工作组，该专家组将在 SBSTTA 下开展活动，主要负责海洋和沿海的海洋保护区工作。

② 保护区问题不限成员名额特设工作组授权的职责其中包括：探讨进行合作，以便根据包括《联合国海洋法公约》在内的国际法，并以科学资料为依据，在国家管辖范围以外的海洋区域建立保护区的备选办法。

管辖范围以外区域海洋生物多样性问题提供科学和技术支持；要求秘书处借鉴目前在国家、区域和全球使用的标准，完善和发展需要保护海洋区域的生态标准和生态地理分类；① 在 COP-9 之前提出《开阔洋水域和深海生境需要保护、具有生态或生物意义的海洋区域的综合科学标准》的咨询建议，提交 COP 审议。

（三）稳步发展阶段

2008 年 COP-9 重申联大在处理与保护和可持续利用 BBNJ 问题的核心作用，UNCLOS 规定了进行各种海洋活动必须遵循的法律框架，CBD 起辅助作用，提供科学和技术方面的咨询意见。大会通过了《确定公海水域和深海生境中需要加以保护的具有重要生态或生物学意义的海域的科学准则》（简称《科学准则》，见表 1）和《建立包括公海和深海生境在内的代表性海洋保护区网的选址的科学指导意见》（简称《指导意见》，见表 2），设计具有代表性的海洋保护区网络，并要求执行秘书将《科学准则》和《指导意见》转交联合国大会相关进程。为帮助各国或相关组织在国家管辖范围以外区域选定符合 EBSAs，要求秘书处召开一次讲习班，② 强调讲习班不讨论与保护区管理有关的问题，仅提供科学和技术方面的信息和指导，并在 COP-10 之前提交 SBSTTA 审议。大会还强调要与各缔约方、各国政府和政府间组织加强合作，指导对国家管辖范围以外区域海洋生物多样性可能造成重大不利影响的活动和进程，进行环境影响评价和战略环境评估，决定秘书处组办国家管辖范围以外区域的环境影响评价有关的科学和技术问题讲习班③，随后向 SBSTTA 16 提交了《海洋和沿海地区环境影响评价和战略性环境评估自愿性准则》（草案）。

——————

① 决定 2007 年在葡萄牙召开需要保护的海洋区域生态标准和生物地理分类制度的专家研讨会。

② 由加拿大和德国共同资助，2009 年在加拿大渥太华举行了关于利用生物地理分类系统和查明国家管辖范围以外需要保护的海洋区域问题专家讲习班。

③ 2009 年在菲律宾马尼拉召开了与国家管辖范围以外海洋领域环境影响评价有关的科学和技术方面问题专家讲习班。

2010 年 COP-10 重申 CBD 在国家管辖范围以外区域海洋保护区问题上的科学和技术支持作用，进一步明确符合 EBSAs 标准的工作仅仅属于科学和技术性质。《生物多样性战略计划》（2011-2020 年）和爱知生物多样性目标，要求到 2020 年，10% 的沿海和海洋区域得到保护。① 确定查明 EBSAs 以及选择养护和管理措施应由国家和主管政府间组织按照《联合国海洋法公约》在内的国际法执行。鼓励各缔约方、其他国家政府和主管政府间组织，查明和保护开阔洋水域和深海生境内需要保护的具有重要生态或生物意义的区域，根据包括《联合国海洋法公约》在内的国际法和现有最佳科学信息，建立有代表性的海洋保护区网络，并向联大的相关进程通报。决定召开一系列区域研讨会，推动在国家管辖范围以外区域描述 EBSAs。大会还决定公布《海洋和沿海地区环境影响评价和战略性环境评估自愿性准则》供同行审查，以便进一步完善 EIA 自愿性准则，进一步推动 EIA 自愿性准则的制订工作。

2012 年 COP-11 审议了 CBD 秘书处提交的《关于确定符合具有生态和生物重要意义科学准则的区域的简要报告》，报告包括西南太平洋、大加勒比海和中大西洋西部等区域研讨班成果，以及作为资料介绍了《保护地中海海洋环境和沿海区域巴塞罗那公约》框架内开展的工作成果。强调描述 EBSAs 科学标准是一项科学和技术工作，对发现符合该标准的区域可能需要采取增强型保护和管理措施，重申查明 EBSAs 和筛选保护及管理措施是国家和主管政府间组织的事项。大会通过了《海洋和沿海地区环境影响评价和战略环境评估的自愿性准则》，鼓励缔约方、各国政府和政府间组织尽可能地应用《自愿性准则》。

―――――――――

① 2010 年 COP-10 通过了具有里程碑意义的《全球生物多样性保护战略》及其相关的 20 个爱知目标。其中目标 11 规定，到 2020 年前，全球海洋保护区面积至少达到全球海洋总面积的 10%。

表1 确定公海水域和深海生境中需要加以保护的具有重要生态或生物意义的海域的科学准则

标准	定义	理由	实例	应用时应考虑的因素
独特或稀缺性	这些地区具有（一）独特（"仅此唯一"）、稀有（只出现在少数地方）或本地特有物种、种群或群落；和/或（二）独特或稀有或生境或生态系统；和/或（三）独特或不同寻常的地理形态或海洋学特征。	·不可替代性。 ·其损失都意味着多样性和其一种特征很可能永远消失，或多样性的减少不同程度的减少。	公海：马尾藻海、泰勒柱、持久性冰刺。深海生境：水底环礁周围的本地特有的群落；热液喷口；海下山脉；海沟[1]。	·观察到的独特性有可能持有偏见，这依性是否能获得有关信息而定。 ·特征必须具有规模：在一种规模上就可上有独特的特征在另一规模上必须从全球和区域的角度来看。
对物种生命各阶段具有特殊重要性	种群生存和繁育所需的地区。	各种生物和非生物条件加上具体物种特有的生理局限和特殊使得海域的某喜好比其他地些地方更适于某些生命阶段和功能。	该地区有（一）繁殖地、产卵场、育苗区、幼仔栖息地或对于物种各生命阶段具有重要性的其他栖息地；或（二）洄游物种栖息地（觅食、繁殖、蜕壳、过冬或休息地、洄游路径）。	·生命各阶段之间的联系：摄食相互作用、运输、物理海洋学、物种生命各阶段。 ·资料来源包括：遥感、卫星追踪、历史渔获量和副渔获物数据、监测系统数据等。 ·物种的空间和时间分布或聚集。
对受威胁、濒危或衰退物种和/或生境具有重要性	具有受威胁、濒危或衰退物种和/或生境的生存和恢复所需的地区，或含有大量此类物种聚集的地区。	为确保这些物种和生境的复原和恢复。	对受威胁、濒危或衰退物种和/或生境至关重要的地区有：（一）繁殖地、产卵场、育苗区、幼仔栖息地或对于物种各生命阶段具有重要意义的其他栖息地；或（二）洄游物种栖息地（觅食、过冬或休息地、洄游路径）。	·包括地理分布区非常广的物种。 ·在许多情况下，恢复物种需在其历史分布区内进行。 ·资料来源包括：遥感、卫星追踪、历史渔获量和副渔获物数据、监测系统数据等。

标准	定义	理由	实例	应用时应考虑的因素
易受伤害、脆弱、敏感或恢复缓慢	在这些地区，功能脆弱（人类活动或自然事件造成其退化或耗竭）或恢复缓慢生境、敏感生境、群落生境或物种或物种的比例较高。	该标准表明，在这些地区如果其中某一部分人类活动或自然事件不能得到有效管理，或以不可持续的速度开展，可能出现某种风险。	物种脆弱性：从其他类似地区的物种对各种种侵扰作任何种反应的历史进行推断，繁殖力低、生长缓慢、性成熟期长、长寿的物种（例如鲨鱼等）；具有提供生物源生境结构的物种，例如珊瑚、海绵和苔藓虫等深海物种。 生境脆弱性：冰封地区海洋酸化的影响；船舶污染可能使深海生境比其他生境更容易受损害，也更容易受人类引起的变化的影响。	· 易受人类影响的特性与自然事件的互动关系 · 现有的定义侧重于具体针对保护点的概念，需考虑到流动流动性大的物种。 · 该标准可单独使用或与其他标准结合使用
生物生产力	这些地区具有生物自然生产力相对较高的物种、种群或群落。	在加强生态系统和提高生物增长速度及其繁殖能力方面具有重要作用。	· 峰面。 · 涌升流。 · 热液喷口。 · 海山缝隙。	· 可通过光合作用固定无机碳，或通过消化被捕食动物、已分解的有机物或微粒有机物，来测量海生生物及其种群的生长速度。 · 可从遥感结果（例如海洋的颜色或基于进程的模型）进行推断。 · 可使用同序列渔业数据，但需谨慎。

标准	定义	理由	实例	应用时应考虑的因素
生物多样性	有相对较高的生态系统、生境、种群或物种的遗传多样性的地区，或有较高物种多样性的地区。	对海洋物种和生态系统的进化和维持其复原力具有重要意义。	· 海山。 · 沿海和会聚区。 · 冷珊瑚种群。 · 深海海绵种群。	· 需联系四周的环境来看多样性。 · 多样性指数不受物种演替的影响。 · 多样性指数对增加该些物种数不关心哪些令人关注的价值，因此不会特别注意对诸如濒危物种等特别令人关注的物种。 · 在尚未大量采集生物多样性样品的地区，可用生境的异质性，即多样性，取代物种多样性成为作出推断的依据。
自然状态	由于没有或很少有人类活动引起的干扰，或退化此种干扰或退化程度较低而保持了相对较高自然状态的地区。	· 用接近自然状态的结构、进程和功能保护这些地区。 · 维持这些地区，将其作为参照地。 · 保护和加强生态系统的复原力。	大多数生态系统和生境都有具有不同程度的自然状态的实例，该标准的意图是挑选自然状态保留较好的地区。	· 应优先注意哪些受干扰少的地方。 · 在已没有自然状态区域的地方，应考虑已成功进行恢复（包括恢复物种）的地区。 · 该标准可单独使用或与其他标准结合使用。

表 2 建立包括公海和深海生境在内的代表性海洋保护区网的选址的科学指导意见

网络应有的特性和构成部分	定义	适用于具体地点的考虑因素（除其他外）
具有重要生态和生物意义的地区	具有重要生态和生物意义的地区不相连的地区，这些地区指地理上或海洋地理上或海洋地区或其它周边地区相比，为一个生态系统中的一个或多个物种/种群或整个生态系统提供重要的服务，或在其他地方面满足了"建立包括公海和深海生境在内的代表性海洋保护区网的选址的科学指导意见"中确定的标准。	• 独特或稀缺； • 对物种的生命各阶段具有特殊重要性； • 对受到威胁、濒危或衰落物种和/或生境具有重要意义； • 易受影响、脆弱、敏感或恢复缓慢； • 生物生产力； • 生物多样性； 自然状态。
代表性	代表性是指网络中包含代表全球海洋和区域海域的各不同生物地理亚组成部分的区域，合理地反映了所有各种生态系统，包括这些海洋生态系统的生物和生境多样性。	具有关于一种生物地理生境，或种群分类的所有各类的例子；物种和种群相对健康，生境的相对完好；处于自然状态。
关联性	网络设计若具有关联性，各保护区就能相互联系，从而使保护地受益于网络中其它地点的幼虫和/或物种交换和功能联系。在相互连接的网络中，各保护地彼此地受益。	洋流；涡旋；地形瓶颈；洄游路径；物种疏散；岩屑；功能联系。也可包括孤立的保护点，如孤立的海山区。
生态特征重复出现	生态特征重复出现是指在某一生物地理区中不止一个地点具有某一特征的例子。"特征"这一用语指在某一生物地理区中自然出现的"物种、生境和生态进程"。	考虑到不确定性，自然变异和可能发生的灾难性事件，那些表现出自然变异少或变异精确的特征，与本身具有高度可变性或变异非常罕见定的特征相比，所需的重复出现可能较少。
适当和有活力的保护点	适当和有活力的保护力是指网络中的所有地点的规模和保护程度应足以确保这些地点所依据的特征能保持其生态活力和完整性。	适当和活力将取决于大小、形状、特征的持续性、受到的威胁、周边环境（背景）、地形局限、特征/进程的规模、溢出/紧密性。

二、会议的主要成果

（一）审议 EBSAs 区域报告

会议审议通过了东北印度洋、西北印度洋和东亚海三个区域的 EBSAs 进展报告和汇总报告草案，并将总结报告纳入 EBSAs 数据库，准备提交 2016 年 12 月在墨西哥坎昆举行的 COP-13 审查。东北印度洋区域符合 EBSAs 科学标准的区域为 10 个，其中印尼提出的苏门答腊—爪哇沿岸上升流区域包含国家管辖范围以外区域，印度提出孟加拉湾丽龟洄游走廊完全位于国家管辖范围以外区域。西北印度洋区域符合 EBSAs 科学标准的区域为 31 个，其中印度、巴基斯坦和阿曼等周边国家提出阿拉伯海最低含氧区包含国家管辖范围以外区域，印度和毛里求斯提出的阿拉伯海盆则完全位于国家管辖范围以外区域，这两个区域覆盖西北印度洋全部的国家管辖范围以外区域。东亚海区域符合 EBSAs 科学标准的区域为 36 个，其中日本提出的九州－帕劳海岭部分位于国家管辖范围以外区域。

1. 东北印度洋区域讲习班

2015 年 3 月 23 日至 27 日，东北印度洋区域讲习班在斯里兰卡科伦坡举行，由斯里兰卡政府主办，日本生物多样性基金资助，英联邦科学和工业研究组织（科工研组织）提供科学和技术支持。来自印度、印度尼西亚、马尔代夫、斯里兰卡和泰国以及国际海事组织、南亚环境署、禽鸟生命国际组织、全球海洋生物多样性倡议、国际渔工援助合作社、曼塔信托机构、世界自然基金会印度分会以及科工研组织的专家参加了讲习班。

在孟加拉湾大型海洋生态系统项目确定的 29 个次系统和次区域，以及相关地理和生态学特征的基础上，结合周边国家和国际组织提供的关于孟加拉湾大型海洋生态系统区域的生态系统、其物种群、生境及其连通性等方面的研究成果，描述符合 EBSAs 科学标准的区域为 10 个。印尼提出的苏门答腊—爪哇沿岸上升流区域，沿苏门答腊岛西部延伸到爪哇岛南部的国家管辖范围以外区域。该上升流区域营养物质丰富，是鲨鱼和鳐鱼等众多海洋生物的觅食、产卵及育苗地。此外，本区域内的珊瑚从 2004 年海啸中迅速恢复，这表明其对珊瑚长期健康的重要性。印度提出的孟加拉湾丽龟洄游走廊位于孟加拉湾内国家管辖范围以外区域。印度奥里萨邦海岸是世界上最大的丽龟筑巢地，Devi 河、Rushikulya 河和 Bhitarkanika 河的河口是世界上最大的丽龟筑巢聚集地。卫星遥测研究表明，大多数海龟的洄游路线是从南到北或从北到南往返斯里兰卡。丽龟在印度专属经济区内的聚集和筑巢受到该国环保法律或行为的保护，但是，他们在觅食和交配期间通过廊道时未受到保护。

2. 西北印度洋区域讲习班

2015 年 4 月 20 日至 25 日，东北印度洋区域讲习班在阿联酋迪拜举行。该讲习班由阿联酋政府主办，日本生物多样性基金资助，科工研组织提供科学和技术支持。出席本次讲习班的专家来自吉布提、埃及、厄立特里亚、印度、伊朗、伊拉克、科威特、阿曼、巴基斯坦、卡塔尔、沙特阿拉伯、苏丹、阿联酋和也门，以及联合国环境规划署、联合国粮农组织、养护移栖物种公约、世界自然基金会、全球海洋生物多样性倡议、禽鸟生命国际组织、科工研组织以及区域渔业委员会等。

讲习班描述符合 EBSAs 科学标准的区域为 31 个，其中包括以印度为主提出的阿拉伯海最低含氧区和阿拉伯海盆，覆盖了西北印度洋全部的国家管辖范围以外区域；印度、巴基斯坦、伊朗、阿曼和也门提出的阿拉伯海最低含氧区。该区域亚硝酸盐浓度较高导致溶解氧含量降低，具有独特的动物群落，主要包括七星底灯鱼、巴拿马底灯鱼、翘光眶灯鱼和长鳍虹灯鱼等灯笼鱼；印度和毛里求斯提出的阿拉伯海盆完全位于国家管辖范围以外区域，是特林达迪海燕的主要觅食区。特林达迪海燕被列入国际自然保护联盟红色名录。此外，该区域还有三种海龟、五种须鲸、三种齿鲸，至少有十余种海豚，但确切分布和丰度尚不得而知。

3. 东亚海区域讲习班

2015 年 12 月 14 日至 18 日，东亚海区域讲习班在中国厦门举行。该讲习班由中国环境保护部主办、日本生物多样性基金资助、科工研组织提供科学和技术支持。参加本次讲习班的专家来自柬埔寨、中国、印尼、日本、马来西亚、缅甸、菲律宾、韩国、新加坡、泰国、东帝汶、越南、东亚－澳大利亚迁徙路线伙伴关系、全球海洋生物多样性倡议、南亚和东亚边缘海可持续性倡议、世界自然基金会以及科工研组织。

讲习班描述符合 EBSAs 科学标准的区域为 36 个，其中日本提出的九州－帕劳海岭部分位于国家管辖范围以外区域，中国提出的海南东寨港红树林国家级自然保护区、广西山口红树林国家级自然保护区、南麂列岛国家海洋自然保护区、冷泉区和东亚浅海潮间带区域等全部位于国家管辖内，主要是已建的海洋自然保护区。九州－帕劳海岭始于九州岛东南侧都井岬东南方，南抵帕劳近海。分隔了四国和西马里亚纳海盆和菲律宾海盆，在北纬 31.1°－北纬 17.0° 和东经 137.1°－东经 132.4 之间。九州－帕劳海岭是洋底地形，包括白斑海鳗的产卵场，新发现 14 种鱼类。

（二）继续举办 EBSAs 讲习班

敦促东北大西洋海洋环境保护委员会和东北大西洋渔业委员会，尽快与《公约》秘书处协商举办东北大西洋 EBSAs 区域讲习班。考虑到在地理范围上要覆盖全球海洋，在全球、区域和国家层面推动 EBSAs 科学标准国际进程，在日本生物多样性基金的资助以及科工研组织的科学和技术支持下，《公约》秘书处将继续组织黑海和里海的 EBSAs 区域讲习班。在既往区域讲习班的基础上，《公约》秘书处将组织更多的区域和次区域讲习班，继续推进描述符合 EBSAs 科学标准的国际进程，并为发展中国家、小岛屿国家以及经济转型国家提供能力培训和资金援助。

（三）国家管辖内海域描述 EBSAs 的国家进展情况

EBSAs 科学标准作为一项科学和技术标准，其描述结果不影响沿海国按照《联合国海洋法公约》在内的国际法，对其领海享有主权，以及对其专属经济区和大陆架享有主权权利和管辖权；其他国家在这些区域享有的权利也不受影响。在国家管辖内海域描述 EBSAs 优先适用国内法，各缔约方自愿描述其国家管辖海域内符合 EBSAs 科学标准，或符合其他国内和国际商定的兼容和补充性的科学标准的情况。阿根廷、澳大利亚、巴西、加拿大、印度、日本、芬兰、墨西哥、葡萄牙和英国向会议提交了本国的国家报告，共享其描述 EBSAs 的科学和技术分析经验。

阿根廷运用 EBSAs 科学标准讨论或修改了 6 个区域，并新增 2 个区域（一个区域的范围超出阿根廷的专属经济区，但仅将位于其专属经济区部分视为潜在的海洋保护区）。澳大利亚制定了关键生态特征和具有重要生物意义区域的相关标准，作为 EBSAs 的国家替代标准，用于描述在其管辖海域的保护价值。加拿大运用 EBSAs 科学标准描述了太平洋的 13 个区域，还将重新审查符合 EBSAs 科学标准的 33 个区域，并将审查成果作为指定国家海洋保护区网络的基础。印度运用部分 EBSAs 科学标准以及相关的国家标准，描述了 106 个具有海洋生物多样性的重要区域。墨西哥运用 EBSAs 科学标准，在 Chapopote asphalt 火山和瓜伊马斯盆地开展相关描述工作。英国、芬兰和葡萄牙运用欧盟及相关国家标准（包括 EBSAs 科学标准），开展了相关描述工作。日本运用 EBSAs 科学标准和"代表性或典型性"的国家标准开展大量工作，相关成果用于东亚海区域讲习班。

（四）国家管辖范围以外区域描述符合 EBSAs 科学标准的区域

养护国家管辖范围以外区域海洋生物多样性免受人类活动的威胁要积极采取行动和措施，重申联大在解决养护和可持续利用 BBNJ 问题上的核心地位。《联合国海洋法公约》是开展一切海上活动的法律框架。《公约》在 BBNJ 问题上起辅助和支持作用，描述 EBSAs 是一项科学和技术工作，为养护和可持续利用 BBNJ 提供一项备选科学工具。

（五）全球和区域进程使用 EBSAs 科学信息的情况

目前，联大、联合国粮农组织、国际海事组织、《保护迁徙野生动物物种公约》和政府间海洋学委员会海洋生态地理信息系统等全球进程注意到或已应用 EBSAs 的相关成果并与《公约》展开了实质性的合作。《阿比让公约》《内罗毕公约》、西北大西洋区域渔业组织、南太平洋常设委员会和联合国环境规划署地中海行动计划等区域进程认为描述 EBSAs 的国际进程为下一步采取具体管理措施提供了科学基础。本格拉洋流委员会和西非沿海与海洋保护地区性合作组织要求成员国设立海洋保护区或开展海洋空间规划时，应充分考虑 EBSAs 科学信息，推动其从科学层面向管理层面转移。

1. 全球进程

联大强调《生物多样性公约》EBSAs 进程的机关成果作为国家管辖范围以外区域海洋生物多样性养护和可持续利用的补充科技工作。联合国粮农组织为描述 EBSAs 科学进程提供技术支撑，尤其是脆弱海洋生态系统及渔业生态系统方法的信息；联合国粮农组织与全球合作基金合作在国家管辖范围以外区域开展"粮农组织国家管辖范围以外区域深海项目"，旨在促进东南大西洋、西印度洋和东南太平洋的深海渔业可持续利用，以及基于区域的深海脆弱生态系统规划管理，《公约》秘书处为落实该项目提供具有 EBSAs 的技术建议，包括提供 EBSAs 信息、数据库，改善描述 EBSAs 和应用 EBSAs 的培训研讨会。《保护迁徙野生动物物种公约》注意到 EBSAs 科学标准与海洋迁徙物种的相关性，鼓励缔约方参与描述 EBSAs 科学进程；还邀请缔约方及其他国际组织进一步探讨 EBSAs 科学数据和信息在海洋迁徙物种保护方面的作用。此外，联合国教科文组织／政府间海洋学委员会的海洋生态地理信息系统已成为 EBSAs 区域讲习班的主要数据来源。

2. 区域进程

2014 年 3 月《阿比让公约》第 11 届缔约方大会强调加强关于描述 EBSAs 的能力建设，以满足重点区域开展描述具有 EBSAs 的相关工作；加强《阿比让公约》与《公约》的合作，以确定对具有 EBSAs 的保护。《内罗毕公约》敦促缔约方积极参与识别和描述具有 EBSAs 工作，建议以此成果为基础设立海洋保护区。西北大西洋区域渔业组织表示识别具有 EBSAs 的科学进程为在马尾藻海采取具体管理措施提供科学基础。南太平洋常设委员会认为具有 EBSAs 科学进程是该区域开展海洋空间规划的基础。南太平洋区域渔业管理组织的科学委员会将审议在南太平洋地区符合 EBSAs。联合国环境规划署地中海行动计划建议地中海沿岸国家把符合具有 EBSAs 的科学信息，作为建立海洋保护区网络的重要资料，要求继续收集、汇编并整合具有 EBSAs 的新科学数据。

3. 次区域进程

本格拉洋流委员会支持成员国在重点海域开展海洋空间规划，审查并优化描述 EBSAs，以及识别该地区符合 EBSAs 标准的区域，积极评估具有 EBSAs 的脆弱性，推动成员国制定相应的管理措施保护 EBSAs，使符合 EBSAs 标准的区域从科学信息层面向管理层面转移。西非沿海与海洋保护地区性合作组织建议成员国在区域管理（包括建立海洋保护区）以及制定相关管理措施时，充分考虑 EBSAs 的科学信息。

（六）其他海洋议题

1. 关于冷水区域生物多样性及酸化的工作计划

阿根廷、埃及等国家认为对于冷水区生物多样性与酸化问题的技术性结论尚无定论，需要进一步加强研究，包括关于生物链内物种间的相互作用、海洋酸化对冷水生物不同生命阶段的影响等。但在欧盟的推动下，大会通过了《关于〈公约〉管辖范围内冷水区域生物多样性的自愿工作计划》（《工作计划》）。《工作计划》的范围包括公海和"区域"中的冷水区域。各缔约方依据国家法律和《联合国气候变化框架公约》等国际法，可制定与冷水区域生物多样性相关的综合政策、战略和方案；加强现有部门和跨部门的管理，解决过度捕捞和破坏性捕捞、污染、海洋运输和海底采矿的环境影响；应用海洋保护区和海洋空间规划等管理工具，减轻人类活动造成的多重因素对冷水区域生物多样性的影响；加强对冷水区域生物多样性的研究和监测。

2.关于海洋废弃物对海洋和沿海生物多样性的影响

沿海国高度重视海洋垃圾对生物多样性的影响，要求《公约》秘书加强与国际海事组织、联合国粮农组织、联合国环境规划署、联合国海洋法司以及区域海洋组织等主管机构的联系以获取更多预防、减缓海洋垃圾对生物多样性及生境影响的方法、经验、工具包及最佳实施方案等，并加强对最不发达国家、小岛屿发展中国家和经济转型国家的能力建设和技术支持。大会通过了《关于防止和缓解海洋废弃物对海洋和沿海生物多样性和生境的影响的自愿实用指导意见》，敦促缔约方并鼓励相关利益方开展必要的行动以预防、减缓海洋垃圾对海洋和沿海生物多样性的负面影响。

3.关于水下噪声对海洋和沿海生物多样性的影响

《公约》秘书处酌情继续汇编关于水下噪声对海洋和沿海生物多样性的不利影响的科学研究资料，同各缔约方和《养护野生动物迁徙物种公约》等相关组织协作拟订关于避免、尽可能减少和缓解水下噪声对海洋和沿海生物多样性影响的指导意见和工具包，并将资料汇编、指导意见和工具包提供 SBSTTA-22 审议。

4.关于海洋空间规划和培训倡议

各缔约方认识到海洋空间规划可促进生态系统方法的实施，是推进生物多样性主流化的有效工具。同意继续举办海洋空间规划培训，希望日本、法国、韩国以及相关组织继续提供资助和技术支持。《公约》秘书处邀请国际海事组织、联合国粮农组织、政府间海洋学委员会和相关区域组织在符合 EBSAs 标准的区域运用海洋空间规划或其他管理工具，向 SBSTTA-22 报告各种人类活动或环境变化对符合 EBSAs 标准区域的生态系统特征、功能和过程的影响，能够预防或缓解潜在不利影响的管理措施和环境因素，以及不同预防和缓解措施所带来的不同效果。

三、描述 EBSAs 国际进程的发展趋势

EBSAs 问题已成为国际海洋事务的热点，全球有 90 多个国家和地区以及几乎所有涉海的全球和区域组织都投入到描述 EBSAs 的国际进程。识别和描述 EBSAs 科学标准是养护和可持续利用海洋生物多样性的重要工具，描述符合 EBSAs 科学标准的区域也已成为海洋保护区选划和实施海洋空间管理的备选方案，已被国际社会看作是实现到 2020 年全球 10% 的海洋和

沿海地区得到保护目标的重要途径。

描述 EBSAs 的地理范围包括国家管辖内和国家管辖范围以外区域，涵盖全球生物地理分区的海洋生物多样性和具有重要生物意义的海洋区域，主要包括海山、冷水珊瑚、热液喷口、冷泉区以及其他生态系统脆弱区。目前，《公约》秘书处共召集了涉及西南印度洋、大加勒比海和中大西洋西部、南印度洋、东太平洋热带和温带海域、北太平洋、东南大西洋、北极、西北大西洋和地中海等 12 个区域的 EBSAs 讲习班，覆盖全球近 74% 海洋区域（不包括《南极海洋生物资源养护委员会》规定的海洋区域），查明符合 EBSAs 科学标准的区域共有 284 处，其中国家管辖范围内海域有 232 处，涉及国家管辖范围以外区域有 62 处（不包括地中海在领海以外的 17 处）。

（一）修订《关于具有 EBSAs 标准的科学指南》

现有《关于具有 EBSAs 标准的科学指南》（《科学指南》）包括 2009 年 SBSTTA-14 编制的《与有关生物地理分类系统使用和具有重要生态或生物意义的海洋区域科学标准应用的科学与技术指南》和 2012 年 SBSTTA-16 编制的《有关具有重要生态或生物意义的海洋区域描述的培训手册和模块》。《公约》秘书处通过组织 12 个区域的 EBSAs 研讨会，获得大量不同区域识别和描述 EBSAs 的科学和技术经验教训。为更准确地描述不同区域符合 EBSAs 标准的区域，通过《科学指南》以提供更详尽的《科学指南》，各项标准的解释、示例和阈值，符合 EBSAs 标准的区域重要性评估或排名以及专家判断程序等。修订《科学指南》还可能将 EBSAs 标准的触角延伸到经济、社会和文化领域以及人类活动的环境影响。

描述 EBSAs 标准，要考虑经济、社会和文化领域的影响，尤其是考虑与土著人民和地方社区有关的传统知识的利用，为土著人民和地方社区描述 EBSAs 提供支持，加强其养护和可持续利用海洋生物多样性的能力。关于 EBSAs 区域的人类活动，重点是记录 EBSAs 区域的人类活动类型和强度、研究和评估 EBSAs 区域人类活动与海洋生物多样性的关系。《科学指南》是运用区域和生态系统方法对全球海洋生物地理分区，查明包括公海和深海生境在内的需要保护的符合 EBSAs 标准的区域，用于协助评估海洋生物多样性和栖息地的现状和趋势。描述 EBSAs 是一项开放的科学与技术进程，涉及经济、社会、文化和其他领域以及沿海国各种人类活动对海洋生物多样性的影响，应仅限于国家管辖内与之相关的科学和技术层面，不能干扰正在进行的联大 BBNJ 国际协定谈判的政治和法律进程。

（二）收集和汇编 EBSAs 科学信息

《公约》秘书处将加强国家管辖内和国家管辖范围以外区域科学信息的收集和汇编，以支持描述现有符合 EBSAs 标准的区域及修订对符合 EBSAs 标准区域的描述或地理边界、从数据库删除已描述符合 EBSAs 标准的区域以及重新描述之前区域讲习班未涵盖的区域。

关于国家管辖内海域，《公约》秘书处可能会要求缔约方设立国家 EBSAs 信息管理系统（EBSAs 管理系统）。EBSAs 管理系统负责收集和更新国家管辖内海域 EBSAs 科学信息，并分析现有符合 EBSAs 标准的区域在地理覆盖和科学信息等方面存在的差距，作为定期召开区域 EBSAs 讲习班的基础资料。相关国际组织和专家也可将收集和汇编的国家管辖内海域的相关科学信息，通过信息交换所将其转交给 EBSAs 管理系统。

关于国家管辖范围以外区域，《公约》秘书处将持续推动组建 EBSAs 问题非正式咨询小组（咨询小组）。咨询小组成员由来自缔约方、其他政府组织和国际组织的科学和技术专家组成，任务是向《公约》秘书处提交更新国家管辖范围以外区域现有符合 EBSAs 标准区域的科学信息、分析在地理覆盖和科学信息等方面存在的差距以及额外组织全球性或区域性 EBSAs 讲习班的咨询意见。相关国际组织和专家也可将收集和汇编的国家管辖范围以外区域的相关科学信息，通过《公约》秘书处将其转交给咨询小组。

（三）推进 EBSAs 相关区域的系统评估、详细描述与分类

《公约》秘书处后续将在修订的《科学指南》以及更新有关 EBSAs 科学信息的基础上，系统评估不符合 EBSAs 标准的区域，进一步描述符合 EBSAs 标准的区域，对符合 EBSAs 标准的区域进行分类。但在不同法律地位的海域，缔约方和《公约》秘书处采取的行动会有所区别。

在国家管辖内海域，各缔约国主导 EBSAs 的描述工作。各国可自行决定是否要求《公约》秘书处提供相关科学参考资料，对其国家管辖内海域符合 EBSAs 标准的区域分类。各国也可以向区域或次区域 EBSAs 讲习班提供科学信息，支持系统描述已举办 EBSAs 区域讲习班的区域，包括不符合 EBSAs 标准的区域。

关于描述跨界区域的国家管辖内海域的 EBSAs，由各当事国协商处理。对于超过两个国家的国家管辖内海域，当事国可联合要求《公约》秘书处

提供 EBSAs 科学信息，详细描述已举办 EBSAs 区域讲习班的区域。但当跨界海域存在海洋划界争端时，在当事国未达成一致的情况下，可要求将涉及争议海域符合 EBSAs 的区域从数据库删除，或者申请不能描述该区域是否符合 EBSAs 标准。

关于是否由咨询小组负责描述国家管辖范围以外区域的 EBSAs，各缔约国存在较大分歧。俄罗斯、法国、加拿大、挪威和阿根廷等国家支持组建咨询小组。英国、日本、冰岛、菲律宾、贝宁和瑞典等国家反对建立专家咨询小组。英国质疑建立专家咨询小组的必要性，强调咨询小组的工作应由《公约》秘书处承担；日本强调咨询小组的任务是 COP 曾授权《公约》秘书处开展的工作，组建咨询小组有重复授权的嫌疑。冰岛、菲律宾强调须充分利用现有的国家生物多样性信息交换所，不应增设咨询小组。

四、描述 EBSAs 国际进程的影响

EBSAs 区域讲习班已成为各国在全球海洋争夺科学话语权和环境话语权的重要阵地。EBSAs 区域讲习班采取协商一致的原则，经讨论决定各国提交的区域是否符合 EBSAs 的科学标准。目前，EBSAs 区域讲习班多为日本和法国等发达国家资助，英国和澳大利亚等英联邦国家提供技术支持。发达国家投入大量资源参与描述符合 EBSAs 标准的国际进程，在该议题上拥有重要的话语权和影响力。

描述符合 EBSAs 标准的国际进程是一项科学和技术活动，不涉及任何法律问题，不针对任何国家，或其当局的法律地位，不对其海上划界，表示任何意见；在任何情况下各国或其他政府就管辖或控制范围内自愿开展描述符合 EBSAs 的工作，相关成果不得损害沿海国的主权和主权权利。但是，《公约》持续推动修订《科学指南》，把 EBSAs 的各项标准向包括土著人民和当地社区的传统知识在内的经济、社会和文化领域延伸，并把评估人类活动的类型和强度对沿海地区和海洋区域的影响作为重要内容。欧盟和澳大利亚等积极推动描述符合 EBSAs 标准的国际进程，通过占据保护海洋生物多样性这一道德制高点，推动 EBSAs 标准在全球、区域和国家层面的具体应用。《公约》积极推动各国和其他政府运用 EBSAs 科学标准或国内确立的科学标准开展相关识别和描述工作，并建议各国在建立海洋保护区网络时，利用描述 EBSAs 标准的科学信息，影响、参与甚至主导不同沿海

国在管辖内海域海洋保护区的选划，通过敏感度较低的科学和技术，发挥其在海洋领域的影响力。

2016 年 3 月联大已经正式开启 BBNJ 国际协定谈判，其中公海保护区是谈判的焦点。《公约》确认在 BBNJ 问题上，联大及其 BBNJ 预备委员会发挥主渠道作用，所描述 EBSAs 的成果为区域管理或制定管理措施提供科学和技术支撑。《公约》以国家管辖内的应用 EBSAs 标准促进在国家管辖外的实施，倡导国家管辖范围以外区域敏感区、脆弱区和代表性生物地理分区的管理活动使用或参考 EBSAs 科学信息。试图掌握国家管辖外海洋保护区选划的技术制定权，以技术规则为基础规范各种海洋活动，采取一系列管理措施限制海上航行、渔业捕捞和深海采矿等活动。《公约》从科学技术方面的积极推动，必将影响 UNCLOS 框架下联大关于公海保护区问题的谈判进程，加速制定约束人类海洋活动的法律文书。

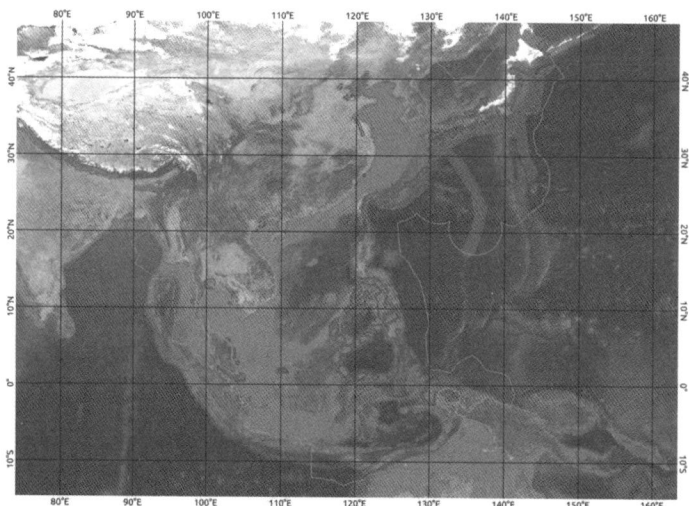

图 1　东亚海地区符合具有生态和生物学重要意义科学标准的海洋区域

图 1　说明

已确定的区域	
1. 海南东寨港红树林国家级自然保护区	19. 班哈姆隆起
2. 广西山口红树林国家级自然保护区	20. 北海道东部
3. 南麂岛海洋保护区	21. 南西诸岛
4. 冷泉	22. 九州西部内海区域
5. 务安泥滩	23. 四国岛和本周岛南部沿海区域

已确定的区域	
6. 东亚浅海潮间带区域	24. 包括屋久岛和种子岛的南九州
7. 蓝碧海峡和毗邻水域	25. 小笠原群岛
8. 热浪群岛和毗邻区域	26. 兵库县、京都府、福井县、石川县和富山县北部海岸
9. 马六甲海峡南部	27. 琉球海沟
10. 尼诺科尼斯桑塔那国家公园	28. 西千岛海沟、日本海沟、伊豆-小笠原海沟和北马里亚纳海沟
11. 上泰国湾	29. 南海海槽
12. 下龙湾-吉婆石灰石岛群	30. 相模海槽和伊豆-小笠原岛屿和海底山群
13. 刁曼海洋公园	31. 本州以东对流区
14. 高龙岛海洋国家公园	32. 蓝鳍金枪鱼产卵区
15. 兰比海洋国家公园	33. 九州-帕劳海岭
16. 拉贾安帕特群岛和极乐鸟半岛北部	34. 本州以南的黑潮洋流
17. 阿陶罗岛	35. 本州东北部
18. 苏禄-苏拉威西海洋生态区	36. 南西诸岛斜坡的热液生物群落

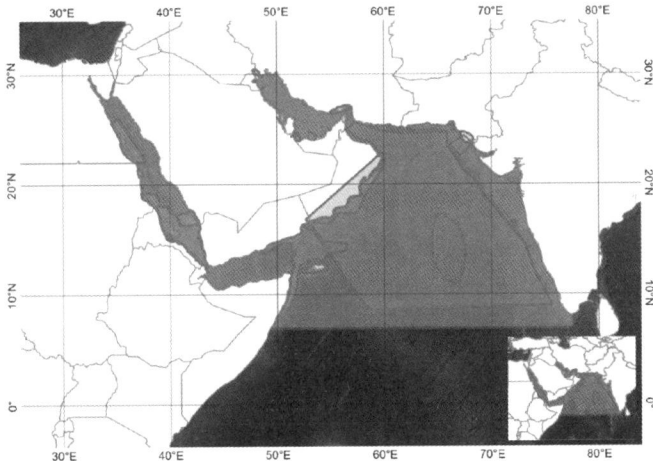

图 2　西北印度洋地区符合具有生态和生物学重要意义科学标准的海洋区域

图 2　说明

已确定的区域	
1. 阿布扎比西南水域	17. 安格里亚浅滩
2. 马拉瓦	18. 索科特拉群岛
3. 杰布阿里	19. 大旋涡和亚丁湾上升流生态系统
4. 卡尔巴湾	20. 七兄弟群岛和 Godorya 岛
5. 布纳埃尔爵士岛	21. 红海南部岛屿

已确定的区域	
6. 苏奈比哈特湾	22. 红海南部深海生态系统
7. 盖罗岛和乌姆迈拉迪姆岛	23. Sanganeb 环礁 /Sha' ab Rumi
8. 奈班德湾	24. Dungonab 湾 /Mukawar 岛区域
9. 克什姆岛及邻近海洋和沿海区域	25. 萨瓦金群岛和苏丹南部红海
10. Churna-Kaio 岛复合区	26. El-GemalElba 旱谷
11. Khori 大浅滩	27. 阿拉伯海盆
12. 默兰—瓜达尔复合海域	28. 戴曼尼亚特群岛
13. MianiHor	29. 阿曼阿拉伯海
14. 阿拉伯海最低含氧区	30. 阿拉伯河三角洲
15. 兰比海洋国家公园	31. 莫克兰 / 达兰—吉沃尼海区
16. 桑兹皮特 / 霍克斯湾及毗邻回水海域	

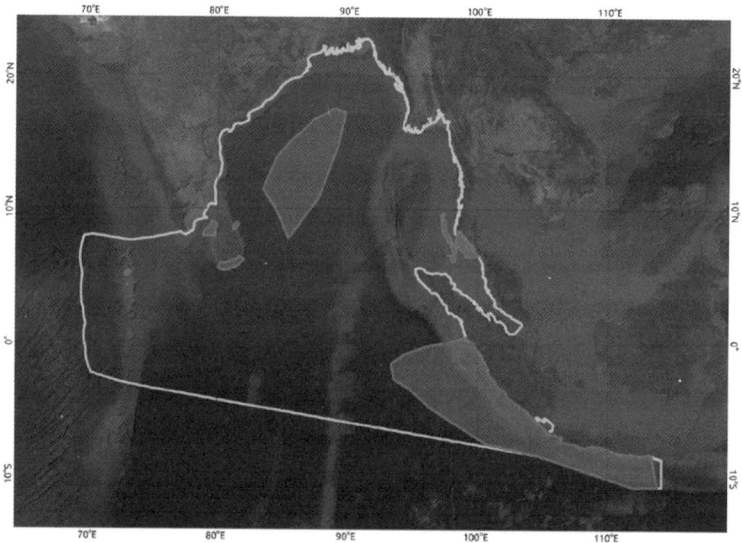

图 3 东北印度洋地区符合具有生态和生物学重要意义科学标准的海洋区域

图 3 说明

已确定的区域	
1. 大陆架断裂处前沿	6. 亭可马里海底峡谷及相关生态系统
2. 西部沿岸浅海	7. 拉斯胡环礁
3. 董里——海牛栖息地	8. 巴阿环礁
4. 加勒和雅拉国家公园之间的南部沿海和近海水域	9. 苏门答腊—爪哇沿岸上升流区域
5. 马纳尔海湾的沿海和近海区域	10. 孟加拉湾丽龟洄游走廊

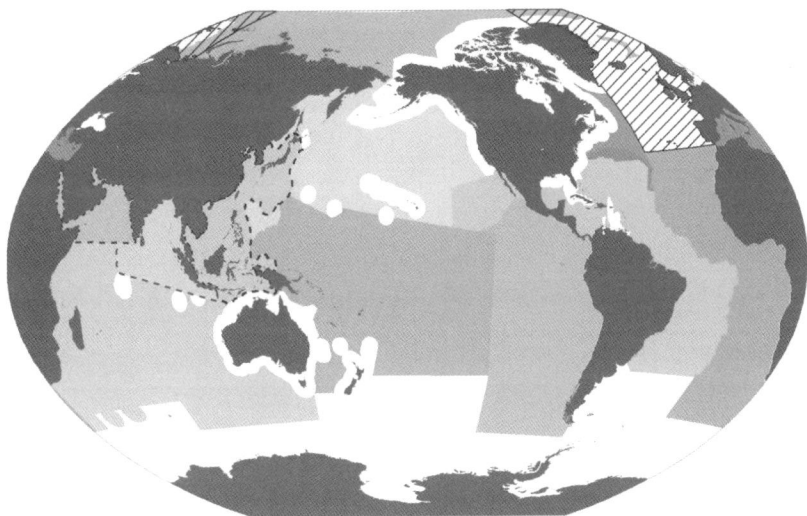

注：图中色斑表示已举办 EBSAs 讲习班的海洋区域；虚线区域表示科咨附属机构第 18 次会议以来召开的最近三个区域讲习班；东北大西洋的影线部分表示其目前正在开展描述符合 EBSAs 科学标准的进程。

图 4　《公约》秘书处已举办描述 EBSAs 区域讲习班的区域

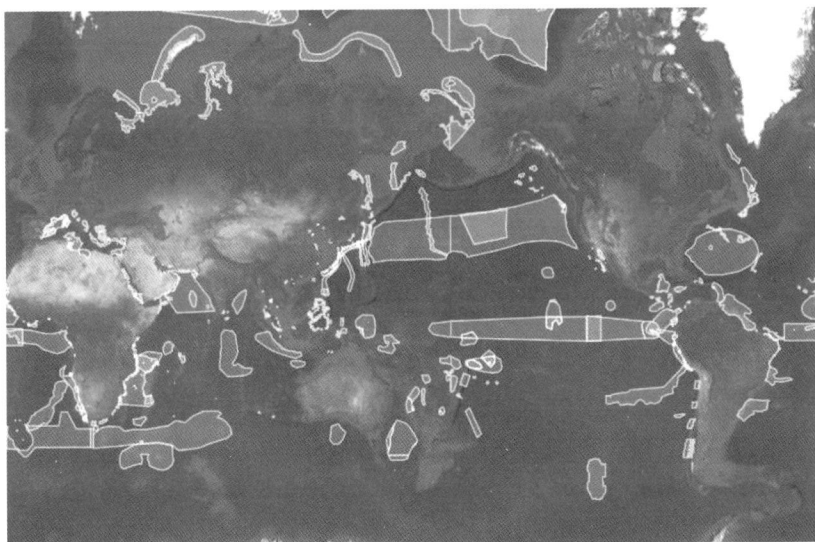

图 5　COP 审议通过的符合 EBSAs 标准的区域

表 1   《公约》秘书处已举办的描述 EBSAs 标准的区域讲习班

序号	区域研讨会	时间与主办国	国家	国际组织	符合EBSAs区域	含国家管辖内EBSAs区域	含国家管辖外EBSAs区域	备注
1	西南太平洋	2011 年 11 月斐济	15	10	26	22	11	经科咨附属机构 第 16 次 会议和缔约方第 11 次大会审查
2	大加勒比海和中大西洋西部	2012 年 2-3 月巴西	23	15	21	21	5	
3	南印度洋	2012 年 7-8 月毛里求斯	16	20	39	30	13	
4	东太平洋热带和温带地区	2012 年 8 月厄瓜多尔	13	12	21	18	7	
5	北太平洋	2013 年 2-3 月俄罗斯	8	7	20	15	5	经科咨附属机构 第 18 次 会议和缔约方第 12 次大会审查
6	东南大西洋	2013 年 4 月纳米比亚	17	15	45	42	7	
7	北极区域	2014 年 3 月芬兰	7	13	11	9	2	
8	西北大西洋	2014 年 3 月加拿大	2	5	7	0	7	
9	地中海	2014 年 4 月西班牙	21	16	17	0	17	由科咨附属机构第 20 次会议审议通过，将提交缔约方第 13 次大会审查
10	东北印度洋	2015 年 2 月斯里兰卡	5	7	10	10	2	
11	西北印度洋	2015 年 3 月阿联酋	14	16	31	31	2	
12	东亚海	2015 年 4 月中国	12	6	36[1]	34	1	
合计			153	142	284	232	62[2]	

公海保护区谈判中的中国对策研究

何志鹏，李晓静

一、概述

第二次世界大战后技术和经济变迁在促进海洋传统利用的同时，开发出新的利用方式。占地球海洋面积64%的公海或称国家管辖范围之外（Area Beyond National Jurisdiction，以下简称"ABNJ"）的海洋，越来越多地受到人们的关注。根据《联合国海洋法公约》（以下简称《公约》）以及相关的国际法，所有国家都可以在公海自由的航行、飞越、铺设海底电缆和管道、建造国际法所容许的人工岛屿和其他设施、捕鱼以及自由地进行科学研究。不受控制的人类活动可能会导致严重的社会、生态和经济问题，这已经被科学界、高层海洋管理部门以及发展机构认可。但是，这种口头上的认识并没有转化成行动，我们必须谨慎对待公海资源的未来。

世界自然保护联盟（International Union for Conservation of Nature，以下简称"IUCN"）成员国在2012年9月世界保护区会议（World Conservation Congress，以下简称"WCC"）上达成的共识，在《公约》框架下制定一个实施协议，对于保护公海来说日益紧迫。[①] 要实现上述目标需要：建立一个高效的公海保护区（High Sea Marine Protected Areas，以下简称"HSMPAs"）系统；全方位的环境评估；通过更好的规

---

① IUCN World Conservation Congress, "Implementing conservation and sustainable management of marine biodiversity in areas beyond national jurisdiction", WCC-2012-Res-074-,2; *General Assembly,"The future we want"*, A/RES/66/288, paragraph162.

则来促进海洋基因资源的使用与惠益分享，以及有效的信息分享与透明。[①]
国家管辖范围之内的海岸与离岸水域的经验表明，海洋保护区（Marine
Protected Area，以下简称"MPA"）是保护海洋生物多样性、管理海洋
生态与渔业的重要工具。MPA 可以有效控制人类活动（包括毁灭性的活动），
进而对 MPA 内外以生态系统为基础进行有效管理。[②]

二、在 ABNJ 建立 MPAs 的背景及现状

MPAs 常常用来描述成片的区域，区域内的环境比周边环境得到更高水
平的保护。[③] 由于目前还没有世界范围内的公海保护区，所以建立 MPAs 的
努力多数体现在区域层面上，这也导致了对于 MPA 没有一个广泛接受的定
义，目前提及较多的是 IUCN 的定义"通过法律或其他有效的方法予以部
分或全部保护的任何潮间带或潮下带封闭海区，包括其上覆水体以及相关
的植物、动物、历史和文化特征"。[④] 基于不同的保护目的，现存的 MPA
的种类很多，本文主要讨论的是多部门综合管理的多目标海洋保护区。

最早的建立包括公海的全球 MPAs 的国际承诺是 1988 年在哥斯达黎加
举办的 17 届 IUCN 大会通过的决议，接着 1992 年在委内瑞拉召开的第 4
届世界公园大会（World Park Congress，以下简称"WPC"）以及 1994

---

① IUCN, "The high seas call fo 20, 2014.

② Gjerde, Kristina M.," Hig141, ftp://ftp.fao.org/docrep/fao/010/a1341e/
a1341e02d.pdf.

③ Cole,Steve.,Ortiz,Maria Jogal Framework for Conservation and Management
of Biodiversity in Marine Areas Beyond National Jurisdiction", *This guide has been
prepared by the Foundation for International Environmental Law and Development
(FIELD)*, (April 2012),12.

④ Resolution 17.38 (1988) by the General Assembly of the IUCN, reconfirmed
in Resolution 19.46 (1994). 不同的国际组织基于自身的权利与义务，对 MPA 给出
了不同的定义，参见 Erik J. Molenaar & Alex G. Oude Elferink "Marine protected
areas in areas beyond national jurisdiction The pioneering efforts under the OSPAR
Convention", *Utrecht Law Review,*Vol5,(June 2009):7. http://heinonline.org; Elisabeth
Druel. "Marine protected areas in areas beyond national jurisdiction: The state of
play", *IDDRI Working Paper,*NO.07/11 (September 2011):6.

年第 19 届 IUCN 大会都关注过这个问题。1995 年 CBD 缔约方大会提出建立全球 MPAs 的建议，[①]2002 年在约翰内斯堡的可持续发展世界首脑峰会上确立了到 2012 年建成具有代表性的 MPAs 网络的目标，[②] 作为一个里程碑，2003 年在德班召开的第 5 届 WPC 有关海洋保护的决议为海洋的保护进一步指明了方向，决议第 5.22 条号召在 2012 年以前建立有代表性的 MPAs 网络，其中严格保护 20%-30% 的各种栖息地；[③]2004 年 CBD 成员方大会同意启动保护区项目，该项目支持在 2010 年以前建立覆盖面积达到 10% 的各类生态系统（包括 MPAs），[④] 截至 2010 年末，在 CBD 第 10 次缔约会议上，193 个国家同意将原定于 2012 年的建立全球性 MPAs 的最后期限延长至 2020 年。[⑤]2015 年 12 月联大第 69 次大会上通过 69/292 号决议，在充分尊重现有的海洋制度的基础上，要求国家之间正式就保护公海生物多样性的条约（Biodiversity Beyond National Jurisdiction，以下简称 "BBNJ 国际协定"）启动谈判。谈判分为两部分，2016-2017 年成立专门的委员会（Preparatory Process Committee，以下简称 PrepCom）负责筹备工作，2017 年底决定是否在 2018 年召集条约的谈判会议，这一决议被誉为 "翻开了公海保护的新篇章"。上述决议还举列了 BBNJ 国际协定的具体内容，

---

① O'Leary,B.C., Brown,R.L., Johnson,D.E., *et al.*, "The first network of marine protected areas (MPAs) in the high seas: The process, the challenges and where next", *Marine Policy* 36 (2012) :599.

② World Summit on Sustainable Development, "Key Outcomes of the Summit" (August 2002),3,http://www.unesco.org/education/tlsf/mods/theme_a/img/02_ WSSDOutcomes.pdf.

③ WPC Recommendation,50767_IUCN_pp139-218.(March 2005),190-197, http://cmsdata.iucn.org/downloads/recommendationen.pdf

④ "Strategic Plan:future evaluation of progress", *Decision Adopted by the Conference of the Parties to the Convention on Biological Diversity at its Seventh Meeting,* UNEP/CBD/COP/DEC/VII/30, (April 2004),9.

⑤ 根据学者的估算，截至 2008 年根据每年 4.6% 的 MPA 的建设进度，要达到 10% 的覆盖率至少要等到 2047 年，因故 MPA 的建设目标的最后期限不得不延长。Louisa J. Wood, Lucy Fish, Josh Laughren, and Daniel Pauly, *Assessing progress towards global marine protection targets: shortfalls in information and action*, (Oryx 42,2008): 340–351.

在国家管辖范围外建立 MPA 网络是国际协定的内容之一，有关公海 MPA 的谈判也进入了实质性阶段。

根据联合国环境规划署 2014 年发布的保护区统计数据，MPA 目前覆盖了 8.4% 的国家管辖范围内海域，在 ABNJ 只有 0.25% 的区域建立了 MPA，要实现 CBD 设定的 10% 的海洋和沿海地区得到保护的目标，还需要在国家管辖范围外建设 21,500,000 平方千米的 MPA。[①] 在公海上建立 MPAs 的区域性国际组织主要有保护东北大西洋海洋环境委员会南极洲海洋生物保护委员会（以下简称 Commission For The Conservation Of Antarctic Marine Living Resources "CCAMLR"），以及一些以国家为主导设立的 MPA。[②] CCAMLR 在南大洋正在建立 MPA 保护系统，重点关注典型区域、科学探索区域以及易受人类活动影响的区域。2009 年 CCAMLR 设立的南奥克尼群岛南大陆架海洋保护区，面积约 94,000 平方千米（超过了四个威尔士的面积）。这一保护区覆盖了南大洋的大片区域，是 CCAMLR 区域内最大的保护区，也是世界上第一个完全位于 ABNJ 的公海保护区。[③] OSPAR 邀请成员国提交关于公海保护区的提议，使之成为 OSPAR 的 MPAs 网络的组成部分。大量的国家和非政府组织也正致力于公海生态保护的工作。截至 2017 年，OSPAR 在国家管辖范围外一共建立了七个 MPAs，它们分别是大西洋中脊查理·吉布斯断裂带海洋保护区（分别包括断裂带南部公海和北部公海）、连同周边的 Antialtair 海山公海保护区、Altair 海山公海保护区、Josephine 海山公海保护区、Milne 海隆综合保护区、亚速尔群岛公海以北 Mar 公海保护区，总面积约为 465,

---

① Juffe-Bignoli, D., Burgess, N.D., Bingham, H., Belle, *et al.*, N. (2014). Protected Planet Report 2014. UNEP-WCMC: Cambridge, UK.: 11.

② 1999 年，法国，意大利，摩纳哥三国联合建立了地中海哺乳动物保护区，面积为 87500 平方公里，大部分区域位于公海。参见 Giuseppe Notarbartolo di Sciara," The Pelagos Sanctuary for the conservation of Mediterranean marine mammals:an iconic High Seas MPA in dire straits",*2nd International Conference on Progress in Marine Conservation in Europe* (November 2009),1-2.

③ 桂静，范晓婷，公衍芬.国际现有公害保护区及其管理机制概述 [J]. 环境与可持续发展，2013（5）：41。

165.10 平方千米。①

三、ABNJ 内建立 MPA 相关国际法

公海保护区制度自提出之日起就因其在公海海洋生物多样性保护上固有的优势以及自身对公海自由这一基本原则的冲击与挑战而备受国际社会的关注，对公海保护区制度合理性、可行性的探讨从未间断过。

有关海洋治理最为全面的法律框架就是《公约》，《公约》将海洋划定为不同的区域，国家在不同的区域内依据《公约》行使各自的权利。海洋法规定国家的专属经济区外的水体以及大陆架之外的区域属于公海，所有国家在公海上享有海洋法所规定的各项权利，并对国际海底区域制定了专门的管理制度。同时海洋法第 192 条（缔约国有义务保护和保养海洋环境）以及第 194 条第 5 款（各国对保护和保养稀有和脆弱生态系统以及濒危、受威胁物种和其他海洋生命形态可以采取必要措施）的规定②，可以为在 ABNJ 建立 MPA 找到国际法上的依据。2002 年以来国家纷纷向大陆架界限委员会提出外大陆架的申请③，从而使在 ABNJ 设立 MPAs 的问题变得更为复杂。

致力于解决全球生物多样性相关问题的《生物多样性公约》(Convention on Biological Diversity，以下简称"CBD"）要求成员国在《公约》框架内实施公约。在 ABNJ，CBD 要求成员国在这个区域内的活动不得破坏该区域的生物多样性，同时倡导成员国在公海上致力于生物资源的保护和可持续利用。2005 年 CBD 成员国启动了描述符合具有生态和生物学上重要意义的敏感区域（Ecologically or Biologically Significant Marine Areas，以下简称"EBSAs"）进程，2008 年在 CBD 第九次缔约方大会上确立了甄选 EBSAs 的标准，首批 48 个 ESBAs 于 2012 年 CBD 第 10 次成员

---

① OSPAR, "Key figures of the MPA OSPAR network" http://mpa.ospar.org/home_ospar/keyfigures,(accessed Apr.19,2016).

② 《联合国海洋法公约》第十二部分"海洋环境的保护和保全"。

③ 外大陆架会使得海洋的一些区域处于双重管辖之下，外大陆架属于申请的国家管辖，而它的上覆水域属于国际法管辖。

方大会提交表决。① 其他有关 ABNJ 内 MPA 的国际条约包括 1995 年《联合国鱼类种群协定》和 1993 年联合国粮农组织（Food and Agriculture Organization，以下简称"FAO"）颁布的《合规协定》（FAO Compliance Agreement），②2001 年修订的时候专门针对 IUU（Illegal, Unreported and Unregulated Fishing）做出规定。1995 年 FAO 通过的《负责任渔业行为守则》是前两个协定的重要补充，但对国家没有法律拘束力，FAO 还提出了识别深海脆弱区（Vulnerable Marine Ecosystems）的标准，该标准仅适用于深海海底的捕鱼活动；1992 年联合国环境与发展大会的两个决议《里约宣言》和《21 世纪议程》也可以为保护海洋环境找到国际"软法"的依据；还有部分针对受保护物种的公约：《1979 年野生动物迁徙物种保护公约》、《1973 年濒危野生动植物物种国际贸易公约》。国际海事组织的文件提出了特别敏感区域的概念（PSSAs），2001 年联合国教科文组织颁布的《水下文化遗产保护公约》对 MPA 的问题也有所涉及。

区域性的海洋保护活动比全球性的活动更加可圈可点，在东北大西洋、地中海、南太平洋以及南极洲与南大洋都有相应的国际组织在负责区域的海洋管理与保护，这其中尤以 OSPAR 和 CCAMLR 的工作最有成效。CCAMLR 针对南极的海洋生物制定了非常详尽的《保护措施》，根据《保护措施》第 91-04 的规定，CCAMLR 还提出了罗斯海以及东南极代表性海洋保护区（EARSMPAs）的设想，虽然这两个 MPAs 的提议在 2013 年初于霍巴特举行的南极海洋联盟会议上被俄罗斯和乌克兰否决，但是 CCAMLR 还在积极为此努力。③ 他们在建立 MPA 过程中的积极努力以及在这个过程中获取的经验都为在 ABNJ 设立 MPAs 提供了重要的参考和宝贵的经验。

在整个国际法体系内部，尚没有在 ABNJ 建立 MPAs 的专门机制，联合国大会的 BNJ 工作组是最重要的在 ABNJ 建立 MPA 合作机制的进程。虽然

---

① Ardron,Jeff., Rayfuse,Rosemary., Gjerde,Kristina., *et al*., "The sustainable use and conservation of biodiversity in ABNJ: What can be achieved using existing international agreements? " *Marine Policy,* vol.49(2014): 109.

② FAO, "FAO Compliance Agreement" http://www.fao.org/fishery/topic/14766/en (accessed Feb 20, 2014).

③ Report of the Thirty-second Meeting of the Commission for the Conservation of Antarctic Marine Living Resources (23 October November 2013):26-27.

已经有国家依据《区域性协定》在公海上建立起了 MPA，他们通过限制具有本国国籍的人员的船舶的活动实现对公海的保护。然而，区域性的保护覆盖面小，成本高，效率低对非缔约方设在法律约束力。如果没有全球的法律框架，将难以建立全球综合的、高效的、具有代表性的 MPA 的网络。

四、MPA 建立过程中的政治因素

海洋在 20 世纪以前被普遍视为公共物品，一个国家的使用并不减少其他国家的获得。到了 20 世纪 70 年代，技术发展促进了人类开发海域和海洋资源的能力，资源匮乏问题接踵而来，各国努力扩大自己所管辖的地域防止他国染指自己管辖区域的资源。① 国家控制跨国捕鱼以及私人海洋钻探的收益，控制污染（特别是石油运输污染），管理跨国科学研究并从中受益等诸多行为，导致海洋问题的政治化。② 国际海洋政治的核心是权力、权利与制度问题。从这种意义上说，国际政治围绕海洋权力争夺的无序状态及其导致的国际冲突构成了国际海洋法产生的内在动力；而国际海洋法的理论与实践的归宿则在于摆脱海洋权力斗争的无序状态，通过法律制度的构建和实施，实现权力的合理分配和权利的分享或共享。③

21 世纪，一个以沿海国家为主体，以开发海洋为目标的海洋世界的序幕已经拉开，开发利用海洋已成为世界沿海国加快国内经济发展的制高点和增强国际竞争力的必然选择，在每个国家的发展战略部署中，海洋无疑都是未来发展的战略重点。④

---

① ［美］罗伯特·基欧汉，约瑟夫·奈．门洪华译．权力与相互依赖 [M]. 北京大学出版社，2012：96。

② 我们将"政治化"定义为，关于问题的争议和鼓动增多，使之成为政策议程或关注该问题的政府之优先考虑对象。简言之，政治化导致两个方向的高层关注：自下至上（国内民众政治、立法政治或官僚政治），由外及里（其他国家政府或国际组织的行为）。某问题的政治化方式影响着政府从国际系统而非国内角度考虑问题的能力。[美] 罗伯特·基欧汉，约瑟夫·奈．门洪华译．权力与相互依赖 [M]. 北京大学出版社，2012：153。

③ 刘中民．中国国际问题研究视域中的国际海洋政治研究述评 [J]. 太平洋学报，2009（6）：79。

④ 姜延迪．国际海洋秩序与中国海洋战略研究 [D]. 吉林大学博士学位论文，2010：131。

首先在经济安全领域，海洋在一国的国民经济发展中承载着重要的支柱性作用，甚至衍生出了"海洋经济"。① 一方面，海洋是一国经济融入全球的大通道，海权理论的创始人艾尔弗雷德·塞耶·马汉曾经说过："一个国家，不能无限制地依靠自己供养自己。使它与其他各地联系并使自己的力量不断得到补充的最便利的途径就是海洋。"② 另一方面，海洋是资源的宝库，能提供经济发展所需的各类战略性资源。这些潜在的战略资源将为国民经济和社会发展提供支撑，能有效缓解人类面临的资源供需紧张的局面。因此，国家的发展需要海洋提供战略性资源储备和支撑，为国民经济和社会的发展奠定资源基础。

其次在生态安全领域，人类的生产生活与海洋关系密切，海洋是可持续发展的重要保障。海洋生态环境不仅提供了丰富的生物多样性资源，同时作为地球上最大的碳汇对气候变化起着至关重要的作用。海洋生态环境具有某种程度不可逆性和滞后性特征，一旦海洋生态系统的有序性和稳定性被打破，往往造成不可预料且不可逆的后果，有些后果需要几年甚至几十年才能表现出来。某些海洋生态问题一旦形成，人类将付出很高的经济和时间代价才能解决甚至无法解决。在环境问题领域"任何事情都与其他任何事情相关"，③ 所以对于海洋生态系统的保护不仅仅关乎当代人的生存利益，更关涉整个人类代际间的公平与正义。

《公约》构建了二战以来的海洋秩序，作为一个谈判折衷、相互妥协的产物，在扩大沿海国的管辖权和缩小公海自由的调整以及确立两种不同管辖海域制度的过程中留下了余地和空间，即所谓的海洋法中的"剩余权

---

① 所谓的海洋经济是指"海洋经济是以海洋为活动场所和以海洋资源为开发对象的各种经济活动的总和。"张莉. 海洋经济概念界定：一个综述 [J]. 中国海洋大学学报，2008（1）：23。

② [美] 艾尔弗雷德·塞耶·马汉. 安常容，成忠勤译. 海权对历史的影响（1660-1783）[M]. 解放军出版社，1998：3. 转引自姜延迪. 国际海洋秩序与中国海洋战略研究 [D]. 吉林大学博士学位论文，2010：5。

③ [美] 罗伯特·基欧汉，约瑟夫·奈. 门洪华译. 权力与相互依赖 [M]. 北京大学出版社，2012：267。

利"问题。① 海洋保护区是对剩余权力进行再分配、建构新的国际海洋秩序的又一次积极尝试。相关国家对公海保护区的建设问题都十分重视，在建设 MPA 网络的谈判中，由于国家利益的复杂性和多样性，谈判的进程举步维艰。

五、中国在公海保护区谈判中的对策

我国是世界上人口最多的国家，面临着资源、环境和发展空间的巨大压力，拓展 ABNJ 发展空间和战略利益，对于我国未来的全面协调可持续发展具有重大的战略意义。如何在新一轮的海洋圈地运动中占据和主动权，保持我国在公海应有的权益与利益，是我国推进海洋事业不断向前发展过程中无法回避的新课题。适时合理地推进公海保护区建设，能够使我国在新一轮的海洋圈地运动中抢占先机，主动作为，扩展管辖权。这是建立公海保护区在扩展国家管辖权方面的利益所在。

21 世纪是中国发展的重要战略机遇期，中华民族的伟大复兴与构建和实施海洋战略密切关联，必须把海洋战略作为保障发展、促进发展的一项重大战略来对待，增强以海强国意识。《我国国民经济和社会发展"十二五"规划纲要》第十四章专门强调了海洋经济的重要性，国家海洋局发布的《国家海洋事业发展"十二五"规划》也专门强调了参与国际海洋事务，维护

---

① 剩余权利指法律未加明确规定或禁止的权利。目前各国比较关注的海洋法中的剩余权利主要有以下几个方面：（1）专属经济区内，沿海国的主权权利和专属管辖权与公海自由、其他国家的权利划分自始就不确定，这一特定区域是沿海国和其他国家利益分配、交叉、剩余权利的集中区域，特别是最近科技发展及海洋大国的利益受到挑战，海洋纠纷和冲突事件频繁发生；（2）关于海洋污染的执行权利；（3）公海应只用于和平目的，对军事用途，未作任何规定。此外，海洋与外空活动的关系，南极洲海域的地位等，《公约》都未涉及。海洋关系的快速发展使这些遗留问题凸显出来，根据联合国关于海洋法的报告，这些剩余权利成为当前引发争议的焦点，使得国际海洋秩序蒙上阴影。Dr.Barry Hart Dubner: Recent Developments in the International Law of the Sea,10-15. 转引自姜延迪. 国际海洋秩序与中国海洋战略研究 [D]. 吉林大学博士学位论文，2010:113。

国家海洋权益以及发展海洋科学技术的战略意义。2016 年 2 月 29 日全国人大常委会表决通过了《深海海底区域资源勘探开发法》，凸显了中国重视国家管辖范围以外区域并积极履行《海洋法公约》责任的大国担当。根据罗伯特·基欧汉和约瑟夫·奈在《权利与相互依赖》中的研究，海洋问题领域的实际情境处于复合相互依赖和现实主义之间，国际海洋秩序及其斗争方式和手段正发生深刻变革。中国应当积极倡导主动参与国际海洋新秩序构建。

就目前有关 ABNJ 建立 MPA 的各项国际社会的谈判进程来看，大多数国家发现，要想保护既得利益，就必须进行合作。合作缘起于冲突，所以双方都认识到相互调整是必要的——纵然这样做常常伴随着痛苦。[①]这些冲突一直伴随着有关 ABNJ 设立 MPAs 的各项谈判。联合国海洋事务不限成员名额非正式磋商程序（United Nations Open-ended Informal Consultative Process on Oceans and the Law of the Sea，以下简称"UNICPOLOS"）的一份非正式文件摘要记述了参加该程序的国家和组织就建立公海保护区问题的一般态度，澳大利亚、欧盟以及一些国际非政府组织（如世界自然基金会、绿色和平组织、世界野生动物基金会等）都积极支持在国家管辖范围外建立海洋保护区，但是对于保护区设立的标准及方法，包括相应的法律框架都提出了各自的意见，而挪威认为在 ABNJ 建立公海保护区在现行国际法当中找不到法律依据，明确反对在 ABNJ 建立保护区。[②]

ABNJ 的 MPA 为参与的政府提供了一些公共物品，[③] 这些公共物品包括

---

① 姜延迪. 国际海洋秩序与中国海洋战略研究 [D]. 吉林大学博士学位论文，2010：289。

② Scovazzi,Tullio. "Marine Protected Areas on the High Seas: Some Legal and Policy Considerations", *Paper Presented at the World Parks Congress, Governance Session "Protecting Marine Biodiversity beyond National Jurisdiction",* Durban, South Africa (11 September 2003)：4.

③ 集体物品不是某一集团中的每个人的货币支付，也不是集团中每个人可以用来卖钱的东西。

[美] 曼瑟尔·奥尔森. 陈郁，郭宇峰，李崇新译. 集体行动的逻辑 [M]. 格致出版社，2012：53。

海洋可持续发展的潜在利益，积极维护海洋秩序，保护海洋环境给国家带来的良好的声誉（包括国际和国内）。面对着世界范围内对 ABNJ 内生态环境可持续发展的高度关注，在 ABNJ 建立 MPAs 的各种政治进程当中，中国必须积极展开行动，对相关领域内的国际法以及国际关系的问题进行深入细致的调查和研究，适宜的政策必须建立在对世界政治变化进行清晰的分析的基础之上。避免过时的或过于简单化的世界认识模式导致政策失当。① 从国家的战略角度出发，一方面需要广泛地收集科研数据，组织国内的国际法以及国际政治领域内的专业人员开展专门的研究，积极地参与有关保护区的各项谈判；另一方面，决策者必须认识到由于发达国家较早开展对公海等海域的研究与资源开发，拥有了先发优势，在此背景下，"新海洋圈地运动"的兴起将限制发展中国家的海洋科研和开发利用活动，巩固发达国家所拥有的认知和资源开发优势，并在一定程度上妨害其他沿海国家的权利，所以对于在 ABNJ 内建立 MPAs 的各项谈判都要慎重对待。

以石油资源为例，（海洋石油）据统计，海洋蕴藏了全球超过 70% 的油气资源，全球深水区最终潜在石油储量高达 1000 亿桶，深水是世界油气的重要接替区。国家中长期科技发展规划重点项目、国家 863 高科技发展规划的重点项目和国家重大科技专项，取得了一批创新成果与专利，多项创新成果在国际国内处于领先位置。但是，据科技部有关负责人说，与海洋强国相比，我国技术装备规模偏小，在前沿深海科学领域及涉海核心装备技术方面差距有 15 年到 30 年。②ABNJ 的 MPA 在世界范围内大面积的设立势必会导致我国未来在特定区域内深海能源利用空间严重受限。

另一方面在 ABNJ 的 MPA 的谈判中要重视讨价还价的重要性。从外交政策看，每个政府面临的问题是，如何从国际交往中受益，同时又尽可能地保持自主权。从国际系统的角度看，各国政府（和非政府行为体）面临的问题是，如何在争取控制国际系统为自身利益服务的竞争中形成和维持

---

① ［美］罗伯特·基欧汉，约瑟夫·奈．门洪华译．权力与相互依赖 [M]．北京大学出版社，2012：233。

② 深海探测：聆听大海深处的呼唤 [EB/N]．http://news.xinhuanet.com/tech/2013-03/02/c_124407631_3.htm，2014.1.24 访问。

互惠和合作模式。[①] 国际机制的原则、规则和制度对国家战略有两种影响。其一，它们产生愿望汇聚的焦点，以减少不确定性，为官僚提供合法行为的指导方针，为决策者提供可行的协议模式。其二，国际机制可能对通向决策的途径予以限制或禁止某些行为，从而对国家行为构成限制。[②] 网络、规范和制度一旦建立起来，就难以根除甚至做出重大调整。如果与既有网络或制度中的既定行为模式发生冲突，即使（总体上或在某问题领域内）具有超强能力的国家政府也难以实现其意愿。[③] 在 ABNJ 建立 MPAs 有关谈判中，本文建议中国采取如下的谈判立场：

（一）支持在 ABNJ 建立 MPAs 保护海洋环境和生物多样性

在 ABNJ 内建立 MPAs 的必要性国际社会已经达到了初步共识。鉴于这一问题的高度政治化倾向，我国在国际社会的谈判中针对这一问题的立场也必须积极而又谨慎，一方面对于在 ABNJ 内建立 MPAs 在国际法上是可以找到法理依据的，尽管对 ABNJ 内国家自由的限制有悖于《公约》的公海自由原则，但是从可持续发展并且保护人类共同利益的角度出发，《公约》第七部分公海（117-119条）规定了国家在公海上养护公海生物资源的义务。第十一部分（145条，147条）规定了国家有关"区域"海洋环境保护的义务，第十二部分海洋环境的保护和保全，以及 CBD 中规定的国家在其管辖范围内的活动不能对 ABNJ 的环境造成损害（4条（b）），同时缔约国在海洋环境方面实施本公约不得抵触各国在海洋法下的权利和义务（22条2款），2012年2月，CBD 还通过了在 ABNJ 设立 MPAs 的科学性和正当性的决议[④]，以上这些规定都能为在 ABNJ 建立 MPAs 提供国际法上的依据。作为一个新兴的大国中国必须积极投入国际社会有关 ABNJ 内 MPAs 的相关谈判，以全球化的视角和本土化的立场积极地发声，因为在国际社会，规则和制度一旦建立起来，就难以根除或作出重大调整。在 ABNJ 建立 MPAs

---

① ［美］罗伯特·基欧汉，约瑟夫·奈. 门洪华译. 权力与相互依赖 [M]. 北京大学出版社，2012：299。

② 同上注，312。

③ 同上注，52。

④ CBD,2012 Interim Status Report on the OSPAR Network of Marine Protected Areas, UNEP/CBD/COP/11/INF/42(September 2012),21.

已成国际趋势的局势下，积极参加相关谈判，在规则制定过程中努力争取维护本国权益是当务之急。

（二）对于 ABNJ 内 MPAs 的划定总体上要采取审慎的态度、保守的构建，提高和优化 ABNJ 区域的治理。

1. 首先是在现有的法律框架的基础上通过谈判设立专门的国际法律制度对整个有关 MPAs 的制度加以规范。养护和可持续利用 ABNJ 的生物多样性最重要的方法就是建立全方位的 MPAs，目前没有专门针对 ABNJ 的 MPAs 的如何分担责任以及如何识别、创设和保护的全球性的法律框架。（1）推进现有体制之间的合作，尤其是《公约》与 CBD 这两个约间的合作。一方面它们作为真正意义上的国际条约具有法律拘束力，虽然不能强制实施，但是国家有善意履行的义务，缔约国履行这类条约会给本国带来多方面的利益，国家有履行的主动性；另一方面《公约》目前的成员国有 167 个 [①]，CBD 目前的成员国有 196 个 [②]，任何集体行动的达成首先应当有足够数量的参与者的保证，面对海洋环境以及生物多样性保护这样的公共议题，利用上述两个平台更能获得行动的最大化收益，所以应当尽快建立起沟通《公约》和 CBD 的常态机制，并将有关 ABNJ 的 MPAs 的谈判纳入这个机制，可以利用联合国大会在 2004 年设立的有关国家管辖范围以外区域海洋生物多样性养护和可持续利用不限名额成员非正式特设工作组这个平台，专门设立有关 ABNJ 内 MPAs 的讨论题目，给各国提供就这一问题充分发表观点和交流意见的场所。（2）推进全球性体制和区域性体制之间的合作。虽然 ABNJ 内建立 MPAs 在国际社会已经提上了议程，但是区域性体制在 MPAs 的建立方面走得更远，由于区域利益的相似性，在区域更易于达成设立 MPAs 的一致，区域体制如 OSPAR 和 CCAMLR 分别在各自的范围内已经做了多次设立 MPA 的尝试，甚至有些 MPA 本身就建立在 ABNJ 的范围内。区域丰富的实践，为全球范围内 MPAs 的设立提供了宝贵的经验。但是区域体制往往面临着参与国家有限、组织功能单一的困境，这使得区域的 MPA 要

---

① https://en.wikipedia.org/wiki/United_Nations_Convention_on_the_Law_of_the_Sea, (accessed Dec 16, 2016).

② CBD, List of Parties, http://www.cbd.int/information/parties.shtml, (accessed Dec 16, 2016).

么只禁止某一项或几项危害海洋环境的人类活动，要么这种禁止只针对区域的成员国，而非对任何船旗国，这使得其作用大打折扣，对海洋环境以及海洋生物多样性的保护无论从范围上还是从保护的程度上都非常有限。因此，要想建立全球性的具有代表意义的 ABNJ 的 MPAs，必须通过全球性体制来推进。

2. 要延伸现有的制度。现有的《公约》、CBD，包括 FAO 的相关规定以及保护野生动物、濒危动物的公约都对海洋环境和海洋生物资源的保护提供了一些法律依据，但是法律规范部门化、碎片化的现状显然无法胜任海洋生态系统保护这一宏大的目标。1982 年通过、1994 年生效的《公约》和 1992 年签署、1993 年生效的 CBD，以及前面提及有关海洋环境和海洋生物资源保护的"硬法"和"软法"都是在二十世纪末签署并生效的，受历史的局限他们对于 ABNJ 内的问题关注较少甚至完全没有涉及。还出现了大量新型的缔约国始料未及的利用海洋的方式，如果专门为 ABNJ 的海域订立国际性的法律制度的话，由于国家间集体行动的效率问题，使得国家间的利益冲突明显。这样一轮国际谈判必然是冗长的、效率低下的，最后无果而终也是可能的。2015 年联大有关建立国家管辖范围外生物多样性保护的实施协定的决议，已经把建立全球范围的 MPAs 列为实施协定的内容之一，实施协定也于 2016 年 3 月召开了第一次筹备会议，MPAs 的建设问题是筹备会议讨论的议题之一，在《公约》和 CBD 的框架之内把相应的国家保护海洋环境和海洋生物资源的义务从国家管辖范围之内延伸到ABNJ，为在 ABNJ 建立 MPAs 提供合理的鉴别、规划、管理和实施的法律框架，这种延伸必须建立在以下两个基础之上：（1）对 ABNJ 区域海洋特性的科学认知。国家管辖范围内的海洋和 ABNJ 的海洋虽然有人为的划界，但是它们从物理上实际是不可分的，海洋内的生物除了一些定栖物种之外，也会随着洋流在不同的海域内移动，但是 ABNJ 的海域的海洋平均深度较国家管辖范围内的海域要深，也蕴藏着很多国家管辖范围内没有的或者是还不为人类所认知的生物群落，同时，国家在 ABNJ 区域的国际法上的权利和义务与在国家管辖范围内也有所不同，所以对 ABNJ 区域的保护与国家管辖范围内既有相同之处也有区别，总之要建立在大量的科学研究、正确的认识 ABNJ 内海洋环境和海洋生物资源的基础上。（2）对于海洋生物多样性的保护要坚持生态系统的方法[①]和预防原则[②]。这是世界范围内生物多样性保护以及环境保护的出发点，鉴于生态系统内部的诸多联系现在也并不完全为人类所认知，许多脆弱的食物链一旦打破，会带来整个生态体统内的大地震，所以对 ABNJ 的保护要坚持生态系统的方法。另外，保护生物多样性还要坚持预防的原则，因为对于生物多样性的减退给海洋乃至地球带来的影响目前无法预知，短时间内获得关于 ABNJ 的精确数据的可能性不大，科学研究的脚步也常常赶不上勘探开发的速度，生物多样性减退的不可逆的特性决定了破坏之后再进行保护的思路在这个领域内行不通，必须坚持预防的原则才能防范生物多样性减损导致的风险。

对现有 ABNJ 的 MPA 法律体系的改造要兼顾到各种利益的平衡，包括为了达到海洋生物资源的可持续利用要顾及社会和经济利益之间的平衡，要照顾到当代与后代之间的利益平衡，在全球和区域层面还要考虑新出现的规则与既有规则之间的平衡。[③]要从国际法的层面上明确在 ABNJ 建立 MPAs 作为海洋生物多样性保护、养护和可持续利用的重要地位，在现有法律文件与地区和政府间机构之间进行协调与协作，确保落实责任制与透明；针对海洋基因资源建立一套公平的获取与惠益分享机制，这对

---

① CBD 关于生态系统的方法的定义："a strategy for the integrated management of land, water and living resources that promotes conservation and sustainable use in an equitable way"，"Scope, parameters and feasibility of an international instrument under the United Nations Convention on the Law of the Sea，" *Informal working document compiling the views of Member States, prepared in accordance with General Assembly resolution 68/70, paragraph 201(11 March 2014),21.*

② 对预防原则的解释参见"Scope, parameters and feasibility of an international instrument under the United Nations Convention on the Law of the Sea，" *Informal working document compiling the views of Member States, prepared in accordance with General Assembly resolution 68/70, paragraph 201(11 March 2014),21.*

③ Molenaar,Erik J., "Managing Biodiversity in Areas Beyond National Jurisdiction", *22, International Journal of Marine & Coastal Law* (2007):107,123.

发展中国家来说尤其重要。① 通过明确的设立主体②，合理严格的甄选机制③，高效的治理体制，在秉持着科学的设计理念和广泛的公众参与的前提下，在 ABNJ 审慎地开展 MPAs 的建设。

　　海洋利益主体、客体以及各种利益诉求之间往往结合在一起，构成复杂的国际海洋利益关系网。在现今的国际环境下，每个国家要想发展都必须加入到这一网络之中，无论是协商谈判，还是建立规则、制度调整彼此关系，都必须妥为处理平衡这种复杂的利益关系，这既是国际海洋秩序法制化发展的重大机遇，也是巨大挑战。④ 谈判过程必须对遥远的未来描绘一幅有吸引力的前景（使利益相关方都参与游戏）；它还得不时提供具体的报偿，作为世界体系发挥作用的标志。如果谈判通过谈判达成协议，那么这些谈判在很大程度上是自我实施的（self-enforcing）。有效的战略必须能够唤起各国对自我利益的认识；求助于利他主义或平等、全球福利的概念难以奏效。⑤ 对我国而言，在开展公海保护区事务之前，首先应以发展的眼光，从我国战略利益的高度出发确定我国建立公海保护区可获得的潜在利益，维护我国分享公海和"区域"资源的战略利益。同时，厘清公海保护区制度本身对我国在远洋捕鱼产业"区域资源开发"国内管理体

---

　　① High Sea Alliance, Protecting The Ocean We Need Securing The Future We Want, http://highseasalliance.org/sites/highseasalliance.org/files/HSA%20Protecting%20The%20Ocean_0.pdf.

　　② 这个主体应该是 UNGA 还是 ISA 学者们有不同的见解。Elisabeth Druel, "Ecologically or Biologically Significant Marine Areas (EBSAs): the identification process under the Convention on Biological Diversity (CBD) and possible ways forward", *IDDRI Working Paper,* No17/12 (July 2012):1; Elisabeth Druel ; "Marine protected areas in areas beyond national jurisdiction:The state of play", *IDDRI Working Paper,* NO.07/11 (September 2011):8-9.

　　③ CBD 有关 MPA 的选择标准，Azores Scientific Criteria and Guidance, http://www.cbd.int/marine/doc/azores-brochure-en.pdf.

　　④ 姜延迪. 国际海洋秩序与中国海洋战略研究 [D]. 吉林大学博士学位论文，2010：101。

　　⑤ [美] 罗伯特·基欧汉，约瑟夫·奈. 门洪华译. 权力与相互依赖 [M]. 北京大学出版社，2012：227。

制等问题上的固有影响，总体把握我国在公海保护区制度建设中的限制因素之所在。在对建立公海保护区的潜在利益和固有挑战做出通盘考虑后，综合权衡我国建立公海保护区的利弊得失，最大程度地获得公海保护区的战略利益，降低新制度对我国现有产业、体制的消极影响。以此为基础，正确把握我国在公海保护区事务上的应有立场与谈判方向，在多边国际场合中有效维护自身利益，并进一步结合国内科研调查实际，采取相关行动，既最大限度维护我国在公海应有的海洋权益，又能妥善应对设立公海保护区而引发的"新圈地运动"。

论公海自由与公海保护区的关系

张磊

一、问题的提出

近年来，国际社会关于构建公海保护区的呼声逐渐高涨。2015 年，第 69 届联合国大会第 292 号决议（以下简称：《联大决议》）提出，就国家管辖范围以外区域海洋生物多样性的养护与可持续利用问题，将拟订一份具有法律约束力的国际文书，其主要内容将包括海洋保护区在内的划区管理工具。这意味着关于公海保护区的讨论进入了更加实质性的阶段。

众所周知，公海应当向所有国家开放。换言之，各国享有广泛的公海自由。构建公海保护区势必会对公海自由的传统内涵形成挑战，因为它会在一定程度上限制国家对公海生物资源的开发和利用。于是，各国对此产生了较大的分歧。美国、欧盟国家、非洲集团等表示支持；俄罗斯尽管不反对，但主张地理遥远国家无权参与公海保护区的构建；以日本、挪威为代表的部分国家以公海自由为主要依据表示反对；其他大部分国家则采取观望的态度①。中国站在更高的层面提出：养护国家管辖范围以外区域生物多样性的措施和手段应该在《联合国海洋法公约》（以下简称：《公约》）和其他相关国际公约的框架内确定，需要充分考虑现行公海制度和国际海

---

① 见银森录、郑苗壮、徐靖．《〈生物多样性公约〉海洋生物多样性议题的谈判焦点、响及我国对策》，《生物多样性》2016 年第 7 期；姜丽、桂静、罗婷婷．《公海保护区问题初探》《海洋开发与管理》2013 年第 9 期；Earth Negotiations Bulletin (Vol.25 No.118,12 September, 2016) .at http://www.enb.Iisd.org / vol25 /enb25118e. html, 2016 年 11 月 17 日访问。

底制度，应当着眼于在养护与可持续利用之间寻求平衡，而不是简单地禁止或限制对海洋的利用。①

由此可见，判断是否应当构建公海保护区的关键在于如何理解公海自由与公海保护区的关系。为此，可以将公海自由与公海保护区的关系解读为自由秩序与全球治理的关系、习惯权利与条约义务的关系以及船旗国管辖权与沿海国管辖权的关系，并由此展开分析。

二、在自由秩序与全球治理的视角下，公海自由与公海保护区是相互融合的关系

公海自由与公海保护区的关系首先可以解读为自由秩序与全球治理的关系。

在国际法上，传统的自由秩序由一系列多边机制组成，其中之一就是由《公约》继承的海洋自由。公海自由即源于海洋自由。

作为一种理念，海洋自由最早是由荷兰学者胡果·格劳秀斯（Hugo Grotius）提出来的。1603 年，荷属东印度公司委托格劳秀斯为荷兰船只在马六甲海峡捕获葡萄牙商船的行为进行辩护。于是，格劳秀斯在 1605 年完成了题为《论捕获法》的辩护词。该辩护词的第十二章在 1609 年以《海洋自由论》为标题公开发表。在这篇单独发表的文章中，格劳秀斯从自然法的角度来论证海洋应该向所有人自由开放。值得指出的是，格劳秀斯当时提出的海洋自由覆盖整个海洋。

不过，随着近代 3 海里领海制度的确立，海洋被划分为领海和公海，并且国家对领海可以行使主权。于是，海洋自由开始主要表现为公海自由。进入现代之后，随着《公约》的生效，一方面，现代领海的宽度被拓展至 12 海里；另一方面，出现了毗连区、专属经济区和大陆架等新的区域类型，并且国家可以在这些新区域行使不同程度的管辖权。海洋自由的地理范围又受到了进一步的压缩。

对海洋自由的限制不仅停留于地理范围，还涉及权利内容。例如，捕

---

① 见《刘振民大使在第 61 届联大全会关于"海洋和海洋法"议题的发言》http://www.fmprc. gov.cn /ce /ceun /chn /fyywj /wn /2006 /t289496.Htm.2016 年 11 月 17 日访问。

鱼自由是公海自由的传统内容之一，不过，进入 20 世纪之后，特别是在"二战"之后，人类科技水平和需求水平的同时提高有力地推动了远洋渔业的发展，世界渔获量急剧增加，以至于一些主要的传统渔业资源出现了衰竭迹象[①]。因此，以 1995 年《执行 1982 年 12 月 10 日〈联合国海洋法公约〉有关养护和管理跨界鱼类种群和高度洄游鱼类种群规定的协定》（以下简称《鱼类种群协定》）为代表的国际条约开始对捕鱼自由进行限制[②]。譬如，根据《鱼类种群协定》，为了养护跨界鱼类种群和高度洄游鱼类种群，区域性渔业组织或安排的成员国或区域性渔业管理组织或安排的参与国可以在公海上对外国渔船进行管辖，包括对其登临和检查。

与此同时，在冷战结束后，全球治理开始逐渐获得国际社会的认同和重视。所谓全球治理，是指"通过具有约束力的国际规制，解决全球性的冲突、生态、人权、移民、毒品、走私、传染病等问题，以维持正常的国际政治经济秩序"[③]。全球治理之所以被提出，是因为人类不但迈入了全球化时代，而且面临着一系列共同的挑战。全球治理之所以得到发展，是因为国际社会的力量对比发生了重大变化，多极化不断向纵深发展。因此，为了应对人类共同的挑战，世界各国应更加紧密地开展合作，而不是由一个或几个国家进行决策和解决问题。很显然，"治理"的理念必然会对"自由"造成一定的冲击。换言之，全球治理顺理成章地会对国际法上传统的自由秩序进行适当的修正。

由此可见，一方面，海洋自由受到越来越多的限制，另一方面，全球治理获得越来越大的发展。在现代社会，自由秩序与全球治理是此消彼长的关系，并且以全球治理为手段对传统的自由秩序进行修正是大势所趋。然而，不能就此认为自由秩序必然消亡，因为全球治理只是对传统自由秩序适当的修正，使之蜕变为更加适应时代发展的、新型的自由秩序。换言之，全球治理与自由秩序必将实现融合。

---

① 见陈新军、周应祺．《国际海洋渔业管理的发展历史及趋势》，《上海水产大学学报》2000 年第 4 期。

② 《鱼类种群协定》是"联合国关于跨界鱼类种群及高度洄游鱼类种群大会"在 1993 年 4 月至 1995 年 8 月经过六轮谈判通过的一项具有法律约束力的国际公约。

③ 俞可平．《全球治理引论》，《马克思主义与现实》2002 年第 1 期。

▶▶▶ 论公海自由与公海保护区的关系

1968 年美国学者加勒特·哈定（Garrett Hardin）在著名的《科学》杂志上发表了一篇题为《公地悲剧》的论文。哈定在该文中列举了这样一个事例：一群牧民面对向他们自由开放的公共草地，每个人都想再多放养一些牛，因为公共草地上的放养成本非常低。就牧民自己来说，这显然是划算的，但会最终导致公共草地被过度放牧。这就是"公地悲剧"。[①] 根据《公约》第 87 条第 1 款规定，公海对所有国家开放，不论其为沿海国或内陆国。这就是公海自由。该条款还进一步列举了公海自由的六个主要方面，即航行自由、飞越自由、捕鱼自由、铺设海底电缆和管道的自由、建造国际法所容许的人工岛屿和其他设施的自由以及科学研究的自由。众所周知，随着人类的技术发展和需求膨胀，海洋资源早已不是取之不竭、用之不尽的。然而，公海仍旧向所有国家自由开放。因此，"公地悲剧"正在公海愈演愈烈。有鉴于此，国际社会迫切需要开展合作，以加强公海生物多样性的养护与可持续利用。在生物多样性的养护与可持续利用方面，海洋保护区是目前比较有效的手段。于是，构建公海保护区顺理成章地被提上了议事日程。很显然，随着公海保护区的构建，假如国家的航行、飞越、捕鱼等行为影响公海生物多样性的养护与可持续利用，那么此种行为将受到一定程度的限制。由此可见，公海自由与公海保护区不可避免地会出现一定的冲突。

结合上述内容不难看出，构建公海保护区是全球治理的体现，而公海自由缘于海洋自由，是传统自由秩序的组成部分，于是，公海自由与公海保护区之间的冲突就是全球治理与传统自由秩序之间的冲突。同时，因为以全球治理为手段对传统的自由秩序进行适当的修正是大势所趋，所以构建公海保护区以限制公海自由也是必由之路。然而，海洋自由作为国际海洋法基本原则的地位没有发生根本改变。它不但体现在公海自由这一个方面，也体现在现代海洋秩序的方方面面。即使在沿海国享有主权的领海，其他国家仍然享有无害通过权。这同样是海洋自由的体现。如前所述，全球治理与自由秩序必将实现融合。因此，公海自由与公海保护区之间不应是一方取代另一方的关系，而应当是相互融合的关系。

---

① 见 Garrett Hardin. The Tragedy of the Commons, at http: //www.science. sciencemag.org /content /sci /162 /3859 /1243.full.pdf，2016 年 11 月 17 日访问。

三、在习惯权利与条约义务的视角下，公海自由与公海保护区是相互促进的关系

公海自由与公海保护区的关系也可以解读为习惯权利与条约义务的关系。

众所周知，公海自由属于国际习惯。[①] 国际习惯对世界各国具有普遍约束力，这并不取决于国家是否参加相关的国际条约。不过，公海保护区将主要是国际条约的产物。同时，整体而言，公海自由更多地意味着权利，公海保护区更多地意味着义务。因此，公海自由主要体现为习惯权利，公海保护区主要体现为条约义务。

目前，全球性国际条约中没有关于构建公海保护区明确和直接的依据。尽管《公约》第 194 条第 5 款对生态系统和海洋生物的保护有原则性的规定，但没有提及保护区制度。《生物多样性公约》第 8 条规定了保护区制度，可是该公约第 4 条却明确地将保护区限制在国家管辖的范围以内。《联大决议》提出将在全球层面拟订一份具有法律约束力的国际文件，并且将涉及公海保护区。不过，该文件的酝酿过程似乎将是漫长和曲折的，况且其详尽程度与可行性亦未可知。应当注意到，俄罗斯明确表示：为海洋保护区设立全球统一标准是不可能的；冰岛质疑是否有必要为公海的海洋保护区设立全球性的机制；挪威认为利用现有机制比创建新机制在经济上更加有效；[②] 以七十七国集团为代表，发展中国家的主张不尽相同，甚至有矛盾之处。[③] 相比制定全球性国际条约，发展区域性国际条约的基础可能更加扎实。

根据汉斯·摩根索（Hans Morgenthau）的经典理论，国际法的产生

---

① 所谓国际习惯，是指国际交往中逐渐形成的不成文的原则、规则和制度。参见邹瑜、顾明主编.《法学大辞典》，中国政法大学出版社 1991 年版，第 933 页。

② See Earth Negotiations Bulletin (Vol.25 No.99, March 31, 2016), at http://www.enb.iisd.org /vol25 /enb2599e.html，2016 年 11 月 23 日访问。

③ See Glen Wright, Julien R ochette, Elisabeth Druel, Kristina Gjerde, The long and winding road continues: Towards a new agreement on highseas governance，at http://www.iddri.org /Publications /The long and winding road continues Towards a new agreement on high seas governance，pp.34-35，2016 年 11 月 26 日访问。

需要两个基本条件：第一，国家之间存在共同或互补的利益；第二，国家之间权力的分配。^① 据此，应当注意以下内容。一方面，在区域性国际条约的谈判中，相关国家更可能存在共同或互补的利益。这是因为，除了个别的情况，区域性国际条约的主要缔约国一般来自特定海域的沿海国，即缔约国的角色比较单一。显而易见，相比非沿海国，沿海国在彼此毗邻的海域往往具有更多共同或互补的利益，包括在生物多样性的养护与可持续性利用方面的利益。另一方面，特定区域里的邻国在协调海洋权力方面往往具有更好的基础，包括已经建立的协调机制。值得注意的是，世界上很多海域已经存在区域性渔业组织或安排。具体而言，根据《种群协定》，数量众多的区域性渔业组织或区域性渔业安排已经允许它们的成员国或参与国将渔业管辖权拓展至公海。换言之，上述组织或安排实际上已经在发挥公海保护区的部分功能。与此同时，实现公海保护区与上述组织或安排之间的整合十分必要。就有关公海保护区的国际条约与既有区域性渔业组织或安排而言，两者进行"整合"是比较可行的，前者"取消"后者则比较困难。有鉴于此，《联大决议》要求：制定国际文件的进程不应损害现有有关法律文书和框架以及相关的全球、区域和部门机构。于是，就国家之间权力的分配而言，在缔约国有较大重叠的情况下，上述组织或安排就可以成为制定区域性国际条约的良好基础。反过来，制定区域性国际条约也有利于公海保护区与上述组织或安排的整合。在条件成熟的区域，构建公海保护区甚至不必另行制定条约，依靠对上述组织或安排的完善或拓展即可实现。

此外，世界上目前已经建成的公海保护区主要有四个，即地中海派拉格斯海洋保护区、南奥克尼群岛南大陆架海洋保护区、大西洋中央海脊海洋保护区网络、南极罗斯海地区海洋保护区。它们无一例外地都是区域性国际条约的产物。^② 这些实践可以为制定类似区域性国际条约提供非常宝

---

① 见［美］汉斯·摩根索著、汤普森修订.《国家间政治：寻求权力与和平的斗争》（英文完全版），北京大学出版社 2005 年版，第 296 页。

② 地中海派拉格斯海洋保护区的依据是《保护地中海海洋环境和沿海区域公约》，大西洋中央海脊海洋保护区的依据是《保护东北大西洋海洋环境公约》，南奥克尼群岛南大陆架海洋保护区和南极罗斯海地区海洋保护区的依据都是《南极海洋生物资源养护公约》。

贵的经验。

更重要的是，从地理条件和生态价值来看，不是所有的海域都适合构建公海保护区，换言之，一般是选择那些地理相对封闭或者生物多样性更有价值的海域。《生物多样性公约》缔约方大会在 2010 年开始推动的在国家管辖范围以外的海被描述为"具有生态或生物学意义的海域"（Ecologically or Biologically Significant Marine Areas，以下简称：EBSAs），即利用《生物多样性公约》制定的描述标准在全球范围内识别出具有重要生态或生物学意义的海域。① 上述工作对公海保护区的选址、划界和保护方案提供了重要的依据。一旦选址、划界和保护方案在技术上比较清楚，那么制定区域性国际条约的主要谈判国就会大致框定，并且谈判国针对谈判中的诸多细节也会更加有的放矢。这无疑也是形成区域性国际条约的有利因素之一。

尽管通过区域性国际条约发展公海保护区的基础越来越扎实，但各国广泛参与的全球性国际条约仍然非常重要。《维也纳条约公约》第 34 条规定："条约非经第三国同意，不为该国创设义务或权利。"这就是"条约不拘束第三国"原则。如前所述，公海保护区将主要是国际条约的产物。这样，根据上述原则，就意味着部分国家仍然可以通过不签署或不承认相关国际条约的方式坚持传统的公海自由。显然，各国广泛参与的全球性国际条约可以最大程度上缩小"条约不拘束第三国"原则所带来的局限性。因此，区域性国际条约应当推动全球性国际条约的产生和充实。那么区域性国际条约如何发挥这种推动作用呢？还是有必要再回到汉斯·摩根索的理论，即国际法的产生依赖两个基本条件：国家之间共同或互补的利益、国家之间权力的分配。据此，以下两个方面的措施值得重视。第一，区域性国际条约应当允许域外国家的参与。值得强调的是，公海保护区既有养护生物

---

① 至 2014 年，《生物多样性公约》缔约方大会已经审议通过了南印度洋、东部太平洋热带和温带、北太平洋、东南大西洋、北极、西北大西洋和地中海等 7 个区域的 EBSAs 汇总报告，将上述区域中的 207 个海域列入 EBSAs 清单，其中有 74 处涉及国家管辖范围以外区域。参见郑苗壮、刘岩、裘婉飞：《国家管辖范围以外区域海洋生物多样性焦点问题研究》，《中国海洋大学学报（社会科学版）》2017 年第 1 期；前注 1，银森录、郑苗壮、徐靖。

多样性的功能，也应当允许可持续利用，而不能"只养护，不利用"或者只允许域内国家利用。提高公约开放性的根本目的在于，通过明确和保障各国（域内国家和域外国家）开发利用的平等权利，换取各国养护资源的共同义务。由此可见，俄罗斯关于地理遥远国家无权参与保护区的构建的主张是不合理的。第二，区域性国际条约应当因地制宜地摸索多元化的惠益分享机制。在参与国际条约的国家之间建立惠益分享机制极有必要。一方面，维护和增进共同利益是全球治理的应有之义。另一方面，合理的惠益分享机制可以促使更多的国家参与国际条约。当然，惠益分享问题比较复杂，其复杂性主要缘于以下四个方面：其一，各国的开发水平参差不齐；其二，各国的利益需求纷繁多样；其三，各个公海保护区的保护对象各不相同；其四，惠益分享不等于平均主义。因此，在不同的公海保护区，区域国际条约应当建立与之相适应的惠益分享机制。

综上所述，就公海自由与公海保护区的关系而言，国家实际上是面临习惯权利与条约义务之间的选择，而恰恰是这种选择权的存在使公海自由与公海保护区能够相互促进——制定相关国际条约的作用在于使国家陆续放弃对习惯权利（即公海自由）的坚持，而为了能够让更多的国家选择条约义务（即公海保护区），国际条约必须不断自我完善，包括提高开放程度和完善惠益分享。反过来，国际条约无法及时完善，则说明公海保护区作为法律制度仍然不成熟，那么国家当然可以继续坚持公海自由。因为公海保护区的发展路径是通过区域性条约的发展来推动全球性条约的产生和充实，所以区域性条约的不断完善显得更加重要。同时，随着越来越多的国家放弃传统的公海自由，不但公海保护区逐渐得到大多数国家的承认，而且公海自由的内涵也会得到相应的发展。可见，公海自由与公海保护区能够实现相互促进。

四、在船旗国管辖权与沿海国管辖权的视角下，公海自由与公海保护区是相互平衡的关系

公海自由与公海保护区的关系还可以解读为船旗国管辖权与沿海国管辖权之间的关系。

（一）公海自由主要表现为船旗国专属管辖权

国家对某个事项是否拥有合法的管辖权取决于国际法的承认。这既包

括国际习惯的承认，也包括国际条约的承认。

国际习惯承认的国家管辖权主要是属地管辖权和属人管辖权。它们分别以领土原则和国籍原则作为理论依据。根据《奥本海国际法》[①]一书，作为国家对于国家领土内一切人和物行使最高权威的权力，主权就是属地最高权（即领有权或领土主权）。同时，作为国家对国内外本国人行使最高权威的权力，主权也是属人最高权（即统治权或政治主权）。[②] 很显然，属地管辖权和属人管辖权从主权本身寻找理论依据，并且依赖连接点（领土或国籍）的存在。

在公海上，国际习惯承认的国家管辖权主要是国家对本国船舶享有的专属管辖权（排除其他国家的管辖权），即船旗国专属管辖权。其中，从很大程度上讲，对场所的管辖（对船舶的内部事务）是属地管辖权的延伸，连接点是领土（将船舶拟制为国家的领土）；对物的管辖（对船舶本身的管辖）是属人管辖权的延伸，连接点是国籍。[③] 众所周知，船舶是各国行使海洋权利的主要载体之一。公海自由意味着公海向所有国家的船舶开放，而船旗国专属管辖权可以保障这种开放性，即保障国家在公海行使海洋权利的自由意志不受干扰。从这个意义上讲，公海自由主要表现为船旗国专属管辖权。不过，国家与国家之间仍然可以通过签订国际条约的形式来确立船旗国专属管辖权的例外情况，即国际条约所承认的管辖权。

---

① ［英］M.阿库斯特：《现代国际法概论》，中国社会科学出版社1981年版，第122—123页。

② ［英］劳特派特修订：《奥本海国际法》（上卷第一分册），王铁崖、陈体强译，商务印书馆1981年版，第216页。

③ 在"荷花号案"中，常设国际法院认为，公海自由原则的推论是公海上的船舶就像所悬挂旗帜国家的领土，因为它就像在其国家的领土上一样，只有该国可以对其行使权利，其他国家则不可以。不过，船舶与国家真正的领土还是有一定区别的。正因为如此，美国联邦最高法院认为一个人出生在美国船舶上并不是出生在美国，因此不拥有美国公民的国籍。同时，船舶的国籍与自然人和法人的国籍既相似，也不完全相同。尽管存在种种差别，但仍然可以在很大程度上将上述专属管辖权视为属地管辖权与属人管辖权的延伸。［美］路易斯·B.宋恩等：《海洋法精要》，傅崐成等译，上海交通大学出版社2014年版，第24—25页、第39页。

国际条约所承认的船旗国专属管辖权的例外情况往往涉及国际社会的利益平衡。除了利益平衡，这些例外情况还须考虑合理公平，以防止国家对例外情况的滥用。因此，船旗国专属管辖权的例外情况主要以利益平衡和合理公平两方面作为依据，并且不依赖连接点（领土或国籍）的存在。例如，根据《公约》第110条，一国军舰在公海上如有合理根据认为外国船舶正在从事海盗、贩奴等行为，那么它有权登临该船舶。该条所规定的情况之所以能够成为船旗国专属管辖权的例外，既缘于打击海盗、贩奴等行为符合国际社会的整体利益，也缘于它要求有"合理根据"为前提。值得注意的是，国际环境条约在突破船旗国专属管辖权方面有较多成果。例如1969年《国际干预公海油污事故公约》和1973年《防止船舶污染国际公约》都允许缔约国在公海上对外国船舶采取措施，以防止或减少油轮泄漏或船舶废弃物对沿海国海洋环境的污染。又如，《鱼类种群协定》允许区域性渔业组织的成员国或区域性渔业安排的参与国在公海上对外国渔船进行管辖，以养护跨界鱼类种群和高度洄游鱼类种群。

（二）公海保护区的管护措施在一定程度上是沿海国管辖权的变相扩张

构建公海保护区必然要求对各国船舶的行为进行管辖。在茫茫公海上，真正有能力对各国船舶进行及时和有效管辖的国际法主体主要是国家（国家的海上力量可能会冠以国际组织的名义进行活动）。同时，随着公海保护区在世界范围内的推广，出于便利和成本的考虑，管护措施的落实将主要依靠地理相邻国家或者区域性国际条约的域内国家，即主要依靠沿海国。因此，从这个角度看，公海保护区的管护措施在一定程度上是沿海国管辖权的体现。

问题在于，为了落实公海保护区的管护措施，沿海国的海上力量是否可以管辖其他国家的船舶？换言之，公海保护区的管护措施是否可以构成船旗国专属管辖权的例外情况呢？如前所述，船旗国专属管辖权的例外情况主要依赖国际条约的承认。因此，如果公海保护区的管护措施发生在相关国际公约（包括区域性国际公约）的缔约国之间，同时，为了有效地发挥公海保护区的作用，该公约允许沿海国的海上力量管辖其他国家的船舶，那么船旗国专属管辖权可以被突破。

由此可见，一方面，根据国际习惯，公海自由主要表现为船旗国专属管辖权，船旗国专属管辖权意味着沿海国在公海上对别国船舶一般没有管辖权；另一方面，公海保护区的管护措施在一定程度上是沿海国管辖权的体现，更重要的是，相关管护措施可以依据国际条约构成船旗国专属管辖权的例外情况。因此，公海保护区的管护措施在一定程度上就成为沿海国管辖权的变相扩张，对公海自由形成新的限制。

与此同时，也应当认识到，沿海国管辖权的扩张具有一定的历史必然性。

历史经验表明，当国家的海洋能力出现显著的增长时，沿海国管辖权的扩张将不可避免，公海自由也必然受到相应的限制。国家的海洋能力主要包括两个主要方面，即构建价值的能力和构建秩序的能力。所谓构建价值的能力，是指认识海洋的不同价值，并且将其转化为现实利益的能力。所谓构建秩序的能力，是指国家能够在其认为有价值的海域建立自己主导的秩序。举例来讲，专属经济区所在海域原本属于公海。"二战"之后，海洋渔业资源出现了衰竭的迹象，于是，美国在 1945 年 9 月 28 日率先发表了《在毗连美国海岸的公海海域建立渔业保存区的公告》，宣布在过去由美国国民单独从事捕鱼活动的区域，美国有排他性的管理和控制权。在过去由美国和其他国家国民共同从事捕鱼活动的区域，美国的管理和控制则受与其他国家缔结的协定的限制。[①]之后，很多国家陆续提出类似主张。在联合国第三次海洋法会议上，经过反复争论，各国终于达成妥协，在《公约》中确立了专属经济区制度。专属经济区的建立更多地缘于沿海国已经有能力在领海以外的近海构建以自己为中心、以生物资源养护为内容的法律秩序。当然，该法律秩序的覆盖范围即 200 海里是一个国家之间妥协的产物。

对于构建公海保护区而言，国家海洋能力的上述两个方面已有较大的增长。一方面，随着科技的进步，人类对生物多样性的认识也在逐渐加深。生物多样性不仅具有实物产品的价值（例如食品），而且是巨大的无形资产。[②]其中，海洋生物作为无形资产的价值直到晚近才被认识和重视。在今天，这种无形资产，主要是指海洋遗传资源。"例如从海葵中可以得到

---

① 见周亚子、范涌.《公海》，海洋出版社 1990 年版，第 146 页。

② 见铁铮.《生物多样性价值几何》，《中国教育报》2005 年 6 月 6 日。

强心多肽，从海绵中可以分离出多种抗毒、治疗癌症的化合物，从海鞘中也可以得到抗病毒和抗肿瘤的化合物。"① 毋庸赘言，公海蕴含着丰富的生物资源，其生物多样性的价值难以估量。因此，《联大决议》将构建公海保护区的目标确定为更好地处理生物多样性的养护与可持续利用问题，并强调该问题包括作为一个整体的全部海洋遗传资源的养护与可持续利用。② 另一方面，得益于航海、航空、卫星、通讯等方面的科技进步，公海对于人类已经不再遥不可及，换言之，在部分公海海域，越来越多的国家开始具备进行管控的能力。举例来讲，地中海派拉格斯海洋保护区是世界上第一个涵盖公海海域的海洋保护区。③ 它由法国、意大利和摩纳哥在2002 年正式建立。该保护区位于相对封闭的区域，在该区域内的鲸鱼和海豚的密度比地中海其他区域要高 2 倍到 4 倍。上述三国对该保护区进行共同监管，并采取适当措施，防止人类活动对海洋哺乳动物造成直接或间接的影响。④ 从实际效果来看，尽管还有改进的空间，但上述国家不但有效地对该保护区实施了管理，而且已经取得了许多积极的成果。⑤ 因此，事实证明，在《公约》诞生 35 年之后，国家构建价值的能力和构建秩序的能力又出现了显著的增长。

（三）船旗国管辖权与沿海国管辖权应当实现平衡

1648 年《威斯特伐利亚和约》之所以被认为是国际法的开端，是因为它确认了最重要的法理基础，即国家主权平等原则。经过数百年的发展，《联合国宪章》第 2 条将该原则作为当代国家关系的首要原则。国家主权平等原则奠定了国际法的基础，也导致了国际法的"非中心化"，即国际法的制定者与执行者都是国家，不存在凌驾于国家之上的中央权威。与此同时，

---

① 汪开治 .《运用遗传工程开发利用海洋生物资源》，《世界农业》1986年第 4 期。

② United Nations Document A/ R ES /69 /292.

③ 地中海派拉格斯海洋保护区有 53% 的面积位于公海海域。参见姜丽、桂静、罗婷婷 .《公海保护区问题初探》，《海洋开发与管理》2013 年第 9 期。

④ 见桂静 .《国际现有公海保护区及其管理机制概览》，《环境与可持续发展》2013 年第 5 期。

⑤ 见王琦、桂静、公衍芬 .《法国公海保护的管理和实践及其对我国的借鉴意义》，《环境科学导刊》2013 年第 2 期。

根据汉斯·凯尔森（Hans Kelsen）的观点，国际法以某种方式让国家承担义务和行使权利，意味着国际法让国家的国内法自己决定如何通过规制个人的行为来实现其承担的义务和行使的权利，即国际法实际上是将个人纳入国内法的秩序之下。[①] 国际法让国家的国内法自己决定如何规制个人的行为，但又不存在凌驾于国家之上的中央权威，扩张自己管辖权就成为国家的本能，因为那样会使国家的利益最大化。诚然，这样的法律体系比较原始，但却是现实情况。究其原因，正如詹宁斯（Jennings）所解释的那样，由于国际法从诞生到发展成为复杂的体系，之间的时间非常短，所以，正如人们所看到那样，这个传统的体系仍然十分原始，这缘于国际社会本身的"非中心化"。[②]

传统国际法对国家管辖权的制约比较薄弱，以至于在著名的"荷花号案"中，常设国际法院非但不承认法国所提出的观点，即一个国家对管辖权的主张必须由国际条约或国际习惯所确立，反而认为国际法给予了国家主张和行使管辖权的充分自由。[③] 在"二战"之后，由于国际社会的法治化和组织化得到较大的发展，国家之间更多地通过国际条约或国际组织来协调各自之间的管辖权冲突，所以现代国际法开始更加全面和深入地抑制国家管辖权的无序扩张。不过，从根本上讲，这没有改变国家扩张管辖权的本能，因为国际法的"非中心化"没有改变，国际社会的"非中心化"也没有改变。

尽管扩张管辖权是国家的本能，并且无法改变，但是为避免这种扩张陷入无序，有必要予以适当的监督。如前所述，公海保护区的管护措施在一定程度上是沿海国管辖权的变相扩张，所以这种监督也适用于沿海国管辖权，进而适用于公海保护区的管护措施。那么如何进行监督呢？同样，如前所述，船旗国专属管辖权的例外情况主要以利益平衡和合理公平两个方面作为依据，构建公海保护区的目的是为了国际社会的整体利益，因此，

---

① Hans Kelsen. "Sovereignty and International Law", Georgetown Law Journal, Vol.48，No.4，1960，p.628

② R.Y.Jennings. "The Progress of International Law", British Year Book of International Law，Vol.34，1958，p.354.

③ 见姜琪.《简论国际法上的管辖权制度》，《当代法学》2001 年第 5 期。

出于利益平衡的考虑，国际公约可以允许公海保护区的管护措施成为船旗国专属管辖权的例外情况。然而，突破船旗国专属管辖权的前提是"合理公平"。换言之，可以通过对"合理公平"的考察来监督公海保护区的管护措施。从本质上看，这种监督就是要在船旗国管辖权与沿海国管辖权之间实现平衡。

如前所述，船旗国专属管辖权的例外情况主要依赖国际条约的承认。不过，对于何为"合理公平"，较难从条约本身找到答案，而是需要依赖第三方争端解决机制。这既是因为国际条约不可避免的具有模糊性，也缘于制定国际条约的一般经验。正如路易斯·亨金（Louis Henkin）在总结《公约》的谈判经验之后所提出的那样，在制定条约时，经过无数次谈判，国家之所以能够最终达成妥协，是因为该妥协得到了一种或一种以上争端解决方式的支持。在无数次的谈判中，只有在第三方解决方案可以被用于解释和适用条约的争端时，国家才会同意给予某些权力。① 同时，因为公海保护区是一种新事物，所以对其管护措施是否"合理公平"的解读和判断也需要以国际法的发展为基础，而第三方争端解决机制恰恰能够较好地推动相关国际法的发展。在 1893 年"白令海海豹仲裁案"中，为了保护前往本国岛屿进行繁殖的海豹，美国试图对公海上的英国渔船行使管辖权，但是该管辖权没有被仲裁庭所认可。② 著名国际环境法学者菲利普·桑兹（Philippe Sands）认为，该案不但深刻地揭示了在国家主权管辖范围之外的海域内保护海洋自然资源的固有困难，而且也表明了国际法庭或仲裁机构在和平解决国际争端、推动国际法发展方面的重要作用。③ 在"白

---

① 见［美］路易斯·亨金.《国际法：政治与价值》，张乃根等译，中国政法大学出版社 2005 年版，第 130 页。

② 美国的 Pribiloff 岛是太平洋海豹的主要繁殖地点。英国渔船在该岛周边的公海上不断截杀前往繁殖地的海豹。1881 年，美国宣布其有权在公海采取行动，以保护前往本国领土的海豹，并开始阻挠英国渔船的截杀行为。英国以公海自由为依据反对美国的做法。之后，英美将该争端提交国际仲裁。1893 年，仲裁庭最终支持了英国的主张。See Cairo A.R. Robb, International Environmental Law. Reports，London: Cambridge University Press,1999，pp.43—88.

③ Philippe Sands，Principles of International Environmental Law，London: Cambridge University Press， 2003,pp.561—562.

令海海豹仲裁案"发生一百多年之后的今天，随着环境和形势的变化，国际法必然需要与时俱进，而就推动相关国际法的发展而言，国际法庭或仲裁机构的作用仍然非常重要。有鉴于此，有关公海保护区的区域性国际条约和全球性国际条约都应当为缔约国能够利用第三方争端解决机制减少障碍。于是，假如反思 2000 年"南方蓝鳍金枪鱼案"及其所涉及的《养护南方蓝鳍金枪鱼公约》，那么就不难认识到积极利用《公约》框架下的强制性争端解决程序的重要性。①

五、结论

公海自由与公海保护区的关系可以解读为自由秩序与全球治理的关系、习惯权利与条约义务的关系以及船旗国管辖权与沿海国管辖权的关系。这三对关系分别是理念、内容、执行三个层面的核心问题。

从理念上看，公海自由与公海保护区之间的冲突就是以海洋自由为代表的传统自由秩序与全球治理之间的冲突。同时，因为以全球治理为手段对传统的自由秩序进行适当的修正是大势所趋，所以构建公海保护区以限制公海自由也是必由之路，但结果不应是一方取代另一方，而应当是两者的相互融合。

从内容上看，公海自由主要是习惯权利，公海保护区主要是条约义务。国家对此拥有选择权。为了让更多的国家选择条约义务，条约必须不断自我完善。公海保护区的发展路径是以区域性条约的发展推动全球性条约的产生和充实，所以区域性条约的不断完善显得更加重要。当各国逐渐支持公海保护区时，公海自由的内涵也会相应发展。两者能够相互促进。

从执行上看，公海自由主要表现为船旗国专属管辖权，公海保护区的管护措施在一定程度上是沿海国管辖权的变相扩张。沿海国扩张管辖权既

---

① 1994 年《养护南方蓝鳍金枪鱼公约》对南方蓝鳍金枪鱼采取配额捕捞制度。澳大利亚、新西兰和日本都是缔约国。澳、新两国认为，日本没有遵守捕捞配额，并向国际海洋法法庭（ITLOS）申请仲裁。2000 年，仲裁庭裁定自己没有管辖权，因为根据《养护南方蓝鳍金枪鱼公约》第 16 条，只有在争端当事方同意的情况下，相关争端才能被提交国际仲裁或诉讼。Southern Bluefin Tuna Cases of Provisional Measures (New Zealand -.Japan； Australia v-Japan), ITLOS Case No.3 & 4，at https:// www.itlos.org /en /cases /list of cases/case no 3-4 /，Jan,17,2017.

有历史必然性，也是国家的本能，且无法改变。不过，为避免沿海国管辖权的扩张陷入无序，有必要对公海保护区的管护措施进行监督，即应当主要通过第三方争端解决机制来判断突破船旗国专属管辖权的前提即"合理公平"是否存在。更重要的是，这种监督在本质上就是要在船旗国管辖权与沿海国管辖权之间实现平衡。

对上述三个层面的分析表明，公海自由与公海保护区之间是相互融合、相互促进和相互平衡的关系。这种关系一方面承认公海自由与公海保护区之间的确有矛盾，另一方面也表明在矛盾的发展过程中，两者都会发生变化——公海保护区从初创到完善，公海自由从片面到兼容，并最终形成新事物，即公海生物多样性养护与可持续利用的新秩序。因此，人们不应仅仅专注于矛盾的本身，也要看到矛盾的发展。如果能够以发展的观点，看到矛盾发展的上述结果，那么就应当支持公海保护区的构建。

主权要素在国家管辖范围以外
区域环境影响评价制度形成中的作用

刘惠荣，胡小明

国家管辖范围以外区域包括公海和国际海底区域，有着丰富的资源和广阔的开发前景，任何具有开发能力的个人均可有机会进入／获得（access）并最大化利用这些空间及其资源，而不担心有可能导致的成本问题，极易产生"公地悲剧"。同时，海洋环境的整体性和流动性，加剧了海洋资源环境的保护与治理难度。

近年来，国家管辖范围以外区域资源和环境问题日益突出，成为全球海洋治理的重点对象。而环境影响评价作为有效的事先预防手段，也得到了国际社会的高度重视，被一系列国际法律文书确定下来。

2015 年联合国大会通过第 69/292 号决议，拟在《联合国海洋法公约》项下建立第三个执行协定，即"国家管辖范围以外区域生物多样性（Biodiversity Beyond National Jurisdiction，以下间称 BBNJ）养护和可持续利用协定"（以下简称 BBNJ 协定）。其中环境影响评价作为养护和可持续利用 BBNJ 的重要手段，获得各代表团的广泛认同，并被列为四大议题[①]之一。历次预备委员会主席概述也指出，有必要对影响 BBNJ 的活动进行评价，加强以第 204 至 206 条为代表的《联合国海洋法公约》相

---

① 这四大议题分别是 1.包括惠益分享问题在内的海洋遗传资源问题（Marine Genetic Resources，MGRs）；2.包括海洋保护区在内的划区管理工具（Area-based Management Tools. ABMTs）；3.环境影响评价（Environment Impact Assessment，EIA）；4.能力建设和海洋技术转让等。

关条款的实施。① 通过对那些可能影响 BBNJ 的勘探开发活动进行事前的评估，从而确定该活动是否可以进一步展开，能够最大限度地控制并降低人类活动的不利影响，最终实现对 BBNJ 的养护和可持续利用。

我国政府非常重视正在进行的 BBNJ 协定相关谈判，并将其列为国际海洋法领域的两项重大进程之一。② 本文拟通过运用全球海洋治理理论，以 BBNJ 环评制度形成进程为分析对象，从治理主体、目标和规制内容三方面分析国家主权在环评制度形成中的作用路径，以期为中国今后推动环评制度以及参与全球环境治理提供参考。

一、环评制度与全球海洋治理

以环评制度为代表的全球海洋治理，具有全球治理的特征，实际上是全球治理的组成部分和具体演绎。全球治理理论为环评制度等全球海洋治理安排提供了基本的理论框架。

全球治理理论形成于上世纪 90 年代初，由美国学者詹姆斯·罗西瑙（J. N. Rosenau）首先提出，他将作为政府行为的"统治"（government）与作为非政府行为的"治理"（governance）作了区别和分析，在此基础上对全球治理的概念进行了界定，并强调多中心权威重构是全球治理的趋势。③ 后续的研究者纷纷提出自己的见解，虽然尚未形成全球治理的权威定义，但就其主要内涵，国际社会已达成一定共识：面对全球化带来的全球性环境、生态、人权、走私、毒品、传染病等问题，国际社会通过广泛的共识和认同，制定有约束力的国际规制／国际社会规则，以维护国际经

---

① "Chair's Overview of the first Session of the Preparatory Committee, Apr.4,2016, http :// www.un.org /Depts /los /biodiversity/ prepcom files/Prep.Comp Chair's overview. Pdf; " Chair's overview of the Second Session of the Preparatory Committee on BBNJ", Sept. 9,2016, http //www.un.org /Depts/los/biodiversity/ prepcom_files/Prep.Com 11 Chair overview to MS.pdf.

② "徐宏司长在中国国际法学会 2017 年学术年会上的报告"中国国际法学会网，2017 年 5 月 6 日，http://www.csil.cn/news/details.aspx。

③ 周延召、谢晓娟．"全球治理与国家主权"，《马克思主义与现实》，2003 年第 3 期，第 65 页。

济政治秩序的正常运行，① 维护全人类的共同福祉。

将全球治理理论运用到海洋领域，就产生了"全球海洋治理"。环评制度是目前国际上认同度最高的全球海洋治理安排之一，也是全球海洋治理的具体演绎，包括治理客体、主体、目标和规制四大要素。环评制度的形成过程，实际上就是各主权国家 / 国家集团、政府间国际组织、国际非政府组织等主体，通过提出议题、磋商谈判、表决通过、签署批准保留等过程，制定具有约束力的国际规制，对那些可能对 BBNJ 产生重大不利环境影响的拟议活动进行环评，以实现 BBNJ 的养护和可持续利用目标。国家主权正是通过环评制度的治理主体、治理目标和规制内容发挥作用。

二、环评制度最核心的治理主体：主权国家

全球海洋治理的主体，或治理的基本单元，解决的是"谁来进行治理（Who）"的问题在当前的国际经济政治体系下，获得较高认同度的治理主体主要包括以下三类：主权国家及其政府、政府间国际组织以及全球公民社会组织。

目前，将国家管辖范围以外区域全盘置于政府间国际组织或全球公民社会组织监管下进行开发和保护的希望渺茫，而目前世界上最充足的资源、最强的行为能力和权威仍掌握在主权国家手中，这个国际社会的客观现实决定了主权国家在环评等全球海洋治理中的主导性地位。主权国家是最核心、最有力的治理者和推动者，而政府间国际组织、全球公民社会组织往往存在权威性不足和能力不足的弊病，其作用的发挥经常受到某些大国的干预和制约，甚至依附于某些大国，难以承担主导全球海洋治理的重任。

从现有可供参考的国家管辖范围以外区域环评制度来看，环评启动决定权、环评执行权、拟议活动能否继续展开的决策权等大多由主权国家掌握；从正在进行的环评制度谈判进程来看，主权国家不论从数量还是从质量上都起着主导性作用。主权国家是环评制度最核心的治理主体。

（一）主权国家主导的现有国家管辖范围以外区域环评制度

环评启动决定权、环评执行权、拟议活动能否继续展开的决策权等权

---

① 俞可平．"经济全球化与治理的变迁"，《哲学研究》，2000 年第 10 期，第 10 页。

力归属问题，是国家管辖范围以外区域环评制度的关键，从现有可供参考的国家管辖范围以外区域环评制度来看，主权国家掌握着上述权力的绝大多数，主导着现行制度的决策、执行、展开，这在一定程度上也预示了环评制度的设计方向

（1）环评启动决定权

环评启动决定权是指决定拟议活动是否需要进行环评的权力，其决定标准即为"引发环评的阈值（threshold）"。1982 年的《联合国海洋法公约》、1992 年《生物多样性公约》等对"引发环评的阈值"只是做了原则性规定，但我们仍能从后期相关的国际文件中总结其设置模式。较为常见的阈值设置模式是，在有拘束力的条文中进行原则性规定，设置一些通用标准，然后在指南或建议等软法文本中采取列举式的典型活动正负面清单以引导活动国遵循仿效"通用标准＋典型活动正负面清单"的阈值设置模式给缔约国在履行公约义务时提供较大的主导权。

国际海底区域矿产资源勘探开发环评制度[①] 就是采用"通用标准＋典型活动正负面清单"这一阈值设置模式的典例，在有拘束力的三大探矿和勘探规章中定义"对海洋环境造成严重损害"的通用标准[②]。在没有国际法拘束力的软法性《指导承包者评估"区域"内海洋矿物勘探活动可能对环境造成的影响的建议》（ISBA/19/LTC/8）中，就拟议活动是否会"对海洋环境造成严重损害"，将拟议活动进行了初步划分，在 A 部分列出了"不需要进行环境影响评价的活动"，[③] 在 B 部分列出了"需要进行环境影响评价的活动"以引导活动国和承包者遵循仿效。

（2）环评执行权

环评执行权即具体实施环评的权力，在现有的制度设计中，一般由拟

————————

① 指《"区域"内多金属结核探矿和勘探规章》（ISBA/6/A/18）、《"区域"内多金属硫化物探矿和勘探规章》（ISBA/16/A/12/ Rev.1）、《"区域"内富钴铁锰结壳探矿和勘探规章》（ISBA/18/A/11）三部规章。

② 指"区域"内活动造成的任何使海洋环境出现显著不良变化的影响，这种影响是按照管理局根据国际公认标准和惯例所控制的规则、规章和程序断定的。

③ "指导承包者评估'区域'内海洋矿物勘探活动可能对环境造成的影响的建议（ISBA/19/ LTC/8）"，2013 年 3 月 1 日， http://www.isa. org.jm/sites/default/files/files/documents/ isba-19-ltc- 8-1.pdf。

议活动的发起者（及其所属的主权国家）具体负责展开。这是因为活动发起者掌握着最全面的活动规划和信息，而国际组织或机构缺乏相关能力去关注各国发起人的活动的具体内容及其影响，所以拟议活动的发起者及其所属的主权国家是最适宜的活动管理者和环评实施者。比如南极条约体系环评制度的执行者是活动国；国际海底区域矿产资源勘探开发环评的执行者是勘探开发矿物的申请者，从目前掌握的立法例子来看，各主权国家一般会对本国申请者的环评报告进行预先审核。①

表1　南极环境影响评价流程表

拟议活动	预评估	预评估结果	预评估后续决策	
在南极条约区域中展开的所有科研、旅游等活动及其后勤保障活动和变化	缔约国根据国内法程序进行预评估（PA）	小于轻微或短暂的影响	该活动可立即实施	
		轻微或短暂的影响	进行初步环评（IEE）实施	国家批准后实施
		大于轻微或短暂的影响	进行全面环评（CEE）	南极条约协商会议（ATCM）环境委员会（CEP）通过后实施

资料来源：依据《南极条约环保议定书》及其附件整理编制。

从现有可供参考的国家管辖范围以外区域环评制度来看，环评启动决定权、环评执行权、拟议活动能否继续展开的决策权等大多由主权国家掌握，"主权国家主导"是现有制度的重要特征。而美国、欧盟和77国集团等在其提交的BBNJ协定草案建议中均指出，应参考现行有效的国家管辖范围外海洋环评制度，为环评制度提供借鉴，预示着BBNJ协定中环评制度"主权国家主导"的发展趋势。

（二）国家主导的环评制度谈判进程就各行为主体在B环评制度谈判

就各行为主体在环评制度谈判进进程中的参与程度来说，主权国家较其

---

①　如《中华人民共和国深海海底区域资源勘探开发法》第8条规定，国务院海洋主管部门应当对申请者提交的材料进行审查对于符合国家利益并具备资金、技术、装备等能力条件的，应当在六十个工作日内予以许可，并出具相关文件获得许可的申请者在与国际海底管理局签订勘探、开发合同成为承包者后，方可从事勘探、开发活动。

他行为体占据主导地位，该主导地位主要体现在参与数量和参与质量上。

（1）参与数量

在这三次的预备委员会谈判讨论过程中，有 20 个主权国家单独提交了 BBNJ 协定草案建议，有 162 个国家以国家集团方式提交了 BBNJ 协定草案建议，相比之下，只有 4 个政府间国际组织和 6 个国际非政府组织提交了 BBNJ 协定草案建议。

表2　提交 BBNJ 协定草案文本建议的主权国家、政府间国际组织和非政府组织

	主权国家	政府间国际组织	国际非政府组织
具体行为主体	哥斯达黎加 *、加勒比共同体 *、密克罗尼西亚联邦 *、美国 *、摩纳哥 *、牙买加 *、中国 *、阿根廷、澳大利亚、冰岛、厄立特里亚、俄罗斯、斐济、加拿大、卡塔尔、孟加拉、墨西哥、挪威、塞内加尔、新西兰 77 国集团（G77，含 134 个国家），太平洋小岛屿发展中国家集团（PSIDS，含 12 个国家）*，小岛屿国家联盟（AOSIS，含 39 个国家，包括 PSIDS 成员国）*，欧盟及其成员国（EL&MS，含 28 个国家）	联合国粮食与农业组织（FAO），国际海事组织（OMO），联合国环境规划署（LNEP），世界自然保护联盟（ILCN）	绿色和平组织（国际电缆保护委员会（ICPC），自然资源保护委员会（NRDC）海洋保护组织（Oceancare），皮尤慈善信托基金（PCT），世界野生动物基金会
数目	20 个主权国家单独提交，162 个国家通过国家集团的方式共同提交	4 个	

注：加 * 表示的国家、国际组织均提交了两次及以上建议，以对最初建议进行更新补充。

（2）参与质量

就各行为主体所提建议的内容来说，主权国家所提建议更具实质性内容。[①] 通过分析主权国家和国际组织所提交的 BBNJ 协定草案建议内容可以发现，国际组织的意见多为该组织与《联合国海洋法公约》的关系及该组织现有的国家管辖范围外海洋环评相关实践和规则等一般性规定。没有提

---

① "Views submitted by delegations on the elements of BBNJ"，Apr. 8,2016，http：///www.un.org/Depts/los/biodiversity/prepomfiles/Prep-com-webpage-views-submitted-by-gelegations.pdf "submissions received from delegations at the second session of the preparatory committee"，Dec.5,2016. http：///www.un.org/Depts/los/biodiversity/prepomfiles/Prep-com- webpage-views-submision-by-gelegations.pdf

出具体的环评制度设计，而这些实质性内容多出现于主权国家／国家集团的建议中。

主权国家／国家集团基于不同的国情和利益考量，对于环评制度的设计有着自己的主张，其中不乏针锋相对的主张，但都得到了预备委员会的充分关注和讨论。

欧盟及其成员国为代表的海洋环保派有着充足的资金和技术，环评的设置对自身经济利益影响较小。这些国家倾向于建立类型和范围全面、富有实效的 BBNJ 环评制度，主张缔约国应将"有害影响"考量纳入所有后续决策中，并应建立独立的国际机构来推动环评的监测和审查以美国为代表的海洋利用派勘探开发技术强大、资金雄厚，强调对 BBNJ 环评制度的主权主导和控制。这些国家认为，主权国家应当掌握环评的决定权、执行权、拟议活动能否继续展开的决策权等主权权能，以减少对国家管辖范围以外区域资源开发活动的限制。

以 77 国集团／小岛屿国家联盟（AOSIS）为代表的发展中国家对环评持谨慎态度，这些国家勘探开发和环评技术欠缺，更强调通过此次 BBNJ 协定来加强本国的能力建设和海洋技术转让。这些国家认为应通过清晰的定义和规则来明确主权国家的权利义务，并明确提出采用"通用标准 + 典型活动正负面清单（能够被审查和更新）"的阈值设计模式。

无论是现有可供参考的国家管辖范围以外区域环评制度，还是正在进行的 BBNJ 协定环评议题谈判进程，主权国家均发挥了主导性作用，主权国家是 BBNJ 环评制度等全球海洋治理最核心的治理主体，这也再次印证了目前国际社会的客观现实：拥有主权的国家仍是当今国际社会和国际关系中最基本的行为体。

三、环评制度的目标：通过国家权能性主权让渡实现

全球海洋治理的目标，或治理的价值，解答的是"为什么要进行治理（Why）"的问题。

环评制度的总目标是养护和可持续利用 BBNJ 资源。该目标难免对各主权国家今后勘探开发 BBNJ 资源的活动自由造成障碍。但是，从目前主权国家对 BBNJ 环评制度重视程度和支持程度来看，这些主权国家并没有因此反对该制度的设立。相反，环境影响评价作为"2011 年商定的一揽子

事项所含的专题"被联大第 69/292 号决议、非正式工作组及预备委员会的系列文件确定下来，成为养护和可持续利用 BBNJ 的重要制度设计，为国际社会所支持和探讨。

各主权国家之所以有动力推动环评制度形成，是因为"主权国家的国家利益是国际关系的基本动因，导致了国际舞台上的各种事件和关系"。①BBNJ 养护和可持续利用这一目标正是各主权国家的长远利益，也是各国的共同利益，是不尽相同的国家利益的交集或最大公约数。

（一）环评制度的目标是主权国家长远的共同利益

BBNJ 的养护和可持续利用这一目标是各主权国家的长远利益。表面上，这些普适性或更高层次的目标可能与主权国家的国家利益相悖。例如，为发展本国的经济，可能需要大量开采国际海底区域的资源，或者进行大量远洋捕捞，这与养护和可持续利用 BBNJ 的全球海洋治理目标相冲突。但实际上，要实现各主权国家及其经济社会的长远生存与发展，必然要对绝对的国家利益观进行限制。在绝对的国家利益观下，主权国家以本国利益为绝对标准，往往导致目光短视、以邻为壑、冲突不断甚至导致自身的灭亡。绝对利益观和绝对主权观在相互依存的全球化时代背景下已经难以适用在相互依存的全球化中，主权国家应当树立较为长远的国家利益观，着眼于人类的长期永续发展，关注环境与资源的养护和可持续利用，以实现本国及其人民的长远发展和长远利益，实现代内与代际公平，②环评制度的目标与各主权国家的长远利益相一致。

BBNJ 的养护和可持续利用这一问题也是各主权国家为维护其共同利益要解决的日益严峻且复杂的全球海洋问题，单个国家往往独木难支，需要主权国家之间的共同合作，在其共同利益的驱动下进行全球海洋治理而环评的决定权（阈值）、环评执行权、拟议活动能否继续开展的决策权、环

---

① 蔡拓 . "全球主义与国家主义"，《中国社会科学》，2000 年第 3 期，第 25 页。

② "Chair's Understanding of Possible Areas of Convergence of Views and Possible Issues for Further Discussion Emanating on Cross—Cutting Issues" Sept.9, 2016 http:///www.un.org/Depts/los/ biodiversity/prepomfiles/prepcom-ll-chairs-overviews-to-MS.pdf.

评后续活动的监测和审查权等权能主权，关乎着环评的决策、执行、开展和效果。这些权能主权的让渡问题是环评制度磋商谈判中各国分歧关键之所在。要解决这些分歧，达成共识，就需要对各国的国家利益进行协调，以形成环评的共同治理行动，解决日益严峻的海洋问题，实现 BBNJ 的养护和可持续利用的总目标。

（二）国家权能性主权让渡为环评制度目标实现提供可能

国家主权是民族国家维护本民族利益的有力武器[①]，在全球化发展背景下，主权国家基于主权在身份意义和权能意义上的划分，自愿地将部分"权能意义上的国家主权"（既可能是主权权力也可能是主权权利）转让给他国或国际组织等国际行为体行使，并能够随时收回所让渡主权。[②] 而国家权衡是否让渡，或者在多大程度上让渡这部分主权的重要标准就是，所让渡的这部分权能性主权能否获得该国认为适当的对价，即让渡国家权能性主权所获得的国家利益是否能够弥补由此带来的权能性主权损失。国家总要在权衡利弊的基础上，判断这种对价是否适当，从而决定是否让渡此部分权能主权。

权能性主权的自主有限让渡在形式上表现为国家主权的部分受限或丧失，但实际上是为了获得更大、更长远的国家利益，如共享所让渡主权集合、促进国际合作和国际关系良性互动等。

环评启动决定权（阈值）、环评执行权、拟议活动能否继续开展的决策权、环评后续活动的监测和审查权是国家权能主权的重要组成部分，关乎着环评的开展、执行、决策和效果。这些权能主权的让渡问题是 BBNJ 环评制度的设计关键，决定着该制度目标的实现程度。

但是，通过分析历次预备委员会主席概述及各代表团建议，可以发现，不同的主权国家或国家集团对这些权能主权让渡的态度不尽相同，甚至针锋相对。要想实现环评规范的最终达成以及该制度总目标的实现，就必然

---

① 周延召、谢晓娟."全球治理与国家主权"，《马克思主义与现实》，2003 年第 3 期，第 68 页。

② 刘凯.《全球化发展背景下国家主权自主有限让渡问题研究》，中共中央党校博士论文，2007 年；张军旗："国家主权让渡的法律涵义三辨"，《现代法学》，2005 年第 1 期，第 98-102 页。

要对上述权能主权的归属问题进行权衡、妥协，以形成 BBNJ 环评的共同治理行动。

（1）环评启动决定权（阈值）

阈值是决定拟议活动是否需要环评的重要标准，阈值设置过低，绝大多数在国家管辖范围以外区域进行的活动就会落入需环评的活动范围中，尽管这样对 BBNJ 的养护和可持续利用有利，但无疑会限制开发利用大国资源勘探开发的权力和权利，也会加重发展中国家的财政和技术负担。

欧盟和 77 国集团等发展中国家认为，应当对阈值进行界定和细化，让《联合国海洋法公约》第 206 条等具有可操作性。77 国集团＋中国建议通过"定性阈值＋典型活动正负面清单（能够被审查和更新）"的阈值设置模式，来细化阈值。[①]

而美国等海洋利用大国则绕过阈值的讨论，直接建议环评决定权应由拟议活动的有效控制国和管辖国掌握，且不受第三方机构或程序的审查；对于是否需要界定和细化阈值，美国认为此问题有待后期进一步探讨。[②]

（2）环评执行权

环评执行权是具体实施环评的权力，由于活动发起者往往掌握着最全面的活动规划和信息，所以在现有的制度设计中，多由拟议活动的发起者（及其所属的主权国家）具体负责展开。这也获得欧盟、美国以及中国等国家的明确支持。

但是 77 国集团对于环评执行权的归属问题并无明确表态，在此问题上，他们更强调环评相关的能力建设和技术转让[③]，可能与其环评技术和财政支持能力不足有关。

---

① "Group of 77 and China written Submission" Dec.5,2016 http：//www.un. org/depts/los/ biodiversity/prep-com files/ rolling—comp/Group of—77 and China-pdf.

② "United States Submission to the United Nations" Dec.20,2016, http // www. un. org /depts /los /biodiversity/prepcom files/rolling comp/united stated of America.pdf

③ "Group of 77 and China Written Submission " Dec.20,2016, http //www. un. Org /depts /los /biodiversity/prepcom files/rolling comp/group of 77 states and china.pdf. Alliance of Small Island AOSIS http.//www.un.org/depts/los/biodiversity/prepcom-files/ streamlined/AOSIS/.pdf

（3）拟议活动能否继续开展的决策权

拟议活动能否继续开展的决策权是 BBNJ 资源勘探开发活动能否顺利进行的关键。

欧盟及其成员国认为，BBNJ 协定缔约国应将拟议活动的"有害影响"纳入所有的决策过程中，以确保该决策符合《联合国海洋法公约》赋予各国的保护和保全海洋环境的义务。①

美国等海洋利用大国认为，BBNJ 环评只是程序性的，并不影响国家的后续决策，也并不一定会阻止拟议行动的开展。②

（4）环评后续活动的监测和审查权

环评后续活动的监测和审查是指，根据环评结果做出积极决策之后，监测拟议活动的后续影响或者审查与授权相关的所有条件（如预防，减轻或补偿措施）的遵守情况。

关于环评后续活动的监测和审查权的归属问题，美国等开发利用大国的意见与 77 国集团＋中国一致，强调实施监测和审查的主体应为各主权国家③，而欧盟及其成员国则认为，应建立独立的第三方国际机构作为监测和审查主体。④

环评启动决定权（阈值）、环评执行权、拟议活动能否继续展开的决策权、环评后续活动的监测和审查权是国家主权的重要组成部分，意味着

---

① "Written Submission of the EL and its Member" Jul.5, 2016 http.//www. un.org/depts/los/ biodiversity/prepcom-files/EL&MS-written-submission-BBNJ.pdf

② Views Expressed by the United States Delegation Related to Certain Key Issues Under Discussion at the Second Session of the Preparatory Committee on BBNJ sept.9, 2016 http.//www.un.org /depts/los/biodiversity/.prepcom-files/LSA-Submission of Views Expressed.pdf

③ "United States Mission to the United Nations" Dec.20,2016 http //www. un. org /depts /los /biodiversity/ prepcom files/rolling comp/united stated of America. pdf. Group of 77 and China 'written submission' Dec. 5，2016 http：//www.un.org/ depts/los/biodiversity/prep-com files/rolling -comp/Group of-77 and China-pdf.

④ "Written Submission of the EL And its Member States on EIA" Feb.15,2017 http://www.un.org /depts/los/biodiversity/prepcom-files/EL-written-submission-on Environmental- assessments.pdf

国家能否独立自主地开展 BBNJ 资源的勘探开发活动及其环评，如果全部让渡给独立的第三方国际组织／机构，无疑会限制本国独立自主处理国家管辖范围以外区域勘探开发活动的主权、主权权力和管辖权。

所以，尽管 BBNJ 的养护和可持续利用目标是各国的共同长远利益，但在环评启动决定权（阈值）、环评执行权等权能主权的让渡问题上，各国的态度还是有所差异，甚至针锋相对。如果要达成一个有约束力的执行协定，就必然要对这些权能主权的让渡或者归属问题进行明确[1]，这离不开各国在该问题上进行权衡、妥协。各国通过考量本国的国家主权和国家利益情况，权衡自己让渡的这部分权能性主权能否获得适当的对价[2]，从而做出是否让渡的功利选择。在环评关键制度上达成共识，以实现 BBNJ 养护和可持续利用这一更长远、更高层次的治理目标，这是对传统国家主权本位的超越，是在更高层次上对国家利益本位的"回归"。[3] 这也印证了奥本海（Lassa Oppenheim）对主权让渡的评价"国际法的进步，以及随之而来的国际和平的维护，从长远看来，需要各国交出一部分国家主权，才有可能在有限的范围内进行国际立法，并在无限的范围内实现具有约束力的国际法所确立的法治。"[4]

四、环评制度的规制内容：主权国家环评制度的外溢

全球海洋治理的规制，或治理的规则体系，解决的是"如何进行治理（How）"的问题。

全球治理的规制是指，调节国际关系、规范国际秩序和实现人类普世价值的原则、政策、标准、规范、协定等规则体系。如果没有一套能够为

---

[1]　Chair's Overview of Third Session of the Preparatory Committee, Apr. 7, 2017, http.//www.un.org /depts/los/biodiversity/prepcom-files/Chair-Overview.pdf.

[2]　张军旗．"主权让渡的法律涵义三辨"，《现代法学》，2005 年第 1 期，第 98-102 页。

[3]　余潇枫、贾亚君．"论国家主权的当代发展与理性选择'，《浙江大学学报》（人文社会科学版），2001 年第 2 期第 38-39 页。

[4]　[德] 奥本海著，劳特派特修订，王铁崖等译．《奥本海国际法》（上卷第一分册），商务印书馆，1985 年版，第 101 页。

人类共同遵守的规则体系[①]，全球治理便无从谈起。全球海洋治理的规制／规则体系是指用以规范各国涉海行为和维持正常的国际海洋秩序的一系列公约、条约、协定、宣言等各种正式的和非正式的规则体系[②]。BBNJ 协定就是全球海洋治理的重要规制。

通过分析现有可供参考的国家管辖范围以外区域环评制度，可以发现，现有制度多"依托国内环评制度"，是主权国家国内环评制度的外溢而"保障和维护国家主权"作为环评制度谈判方的共识，这预示着"依托国内环评制度"将成为 BBNJ 环评制度的发展趋势。

（一）"依托国内环评制度"的现有国家管辖范围以外区域环评制度

现有可供参考的国家管辖范围以外区域环评制度的执行程序，基本都是依托于国内环评制度，或是公约明确规定依据国内法，或是通过"软法"性质的指南或建议加以引导，由各国根据国内法进行具体适用。

南极条约体系环评制度是国家管辖范围以外区域环评制度中成熟度较高的制度安排，也是现有制度中明确规定"依托国内环评制度"的典例。《南极条约环保议定书》及其附件规定，对在南极条约区域中展开的所有的科研、旅游等活动及其后勤保障活动和变化进行预评估（PA），以判断其是否为对南极条约区域产生后续变化影响的活动类型[③]，而这预评估则需缔约国依据国内法程序进行。

国际海底区域矿产资源的勘探开发环评制度则是现有可供参考的国家管辖范围以外区域环评制度中，与 BBNJ 协定缔约国地理范围重合度最高的制度安排之一，也是通过软法性指南建议进行引导，由各国根据国内法进行具体适用的典例。申请者在进行金属结核／多金属硫化物／富钴铁锰结壳探矿和勘探时，有进行环评和提交环评资料的义务，这些义务主要通

---

① 俞可平．"全球治理引论"，《马克思主义与现实》，2002 年第 1 期，第 25 页。

② 王琪、崔野．"将全球治理引入海洋领域——论全球海洋治理的基本问题与我国的应对策略"，《太平洋学报》，2015 年第 6 期，第 20 页。

③ 如果该影响是"小于轻微或短暂的影响"，那么该活动可立即进行；如果该影响是"轻微或短暂的影响"，则应当进行初步环境影响评价（IEE）；如果该影响是"大于轻微或短暂的影响"，那么就要进行更全面环境影响评价（CEE）。

过前述三个有约束力的探矿和勘探规章进行宏观规定；而具体的正负面活动清单、环评报告内容等事项则放入两个软法性建议①中供申请者执行环评时参考。

近年来，我国对于国家管辖范围外活动的立法关注度也在不断提升，2016 年上半年通过并施行了《中华人民共和国深海海底区域资源勘探开发法》。这是我国第一部规范国家管辖范围外海底区域资源勘探、开发活动的法律。此外，我国已出台关于南极考察活动相关的行政许可管理规定，还拟开展南极旅游活动等相关国内法立法工作。为中国今后开展国家管辖范围以外区域活动及其环评提供国内法依据。

"依托国内环评制度"是这些现有可供参考的国家管辖范围以外区域环评制度的主要特点由此赋予主权国家极大的立法、执行主导权和自由裁量权，将缔约国国内环评规制内容外溢于国家管辖范围以外区域环评制度。

（二）"保障和维护国家主权"的环评议题谈判共识

在 BBNJ 环评制度的谈判过程中，各国提交的建议屡次强调对国家主权的尊重与保障，并在《预备委员会的主席谅解》将其确定为五大共识之一，美国等海洋开发利用大国也在积极推进 J 环评制度朝着"国家主权主导"的方向发展，这预示着环评制度"依托国内环评制度"的发展趋势。

（1）主权国家或国家集团建议中的"主权共识"

在各国或国家集团提交的建议中，77 国集团＋中国认为，BBNJ 协定应包括相关条款规定，对国家管辖范围以外区域的主权、主权权利的主张，行使以及任何拨款均不受承认。②牙买加认为，对于国家管辖范围以外区

---

① 两个"软法性"建议包括：一是指导承包者评估《区域海洋矿物勘探活动可能对环境造成的影响的建议》（ISBA/19/ LTC/8）是一套综合性环境影响评价建议，对多金属结核、多金属硫化物和富钴铁锰结壳在内的海洋矿物的勘探活动提出了环评建议；二是《就年度报告内容、格式、结构向承包者提供的指导建议》对金属结核、多金属硫化物、富钴铁锰壳合同勘探年度报告的内容、格式和结构提出具体建议。

② "Group of 77 and China ' s Written Submission " Dec.5.2016 Dec. 5，2016 http://www.un. org/depts/los/biodiversity/prep-com files/ rolling—comp/Group of—77 and China-pdf.

域遗传资源，任何国家都不得主张或行使主权或主权权利[①]；密克罗尼西亚联邦认为，BBNJ 协定相关规定不得侵犯国家大陆架的主权权利，或《联合国海洋法公约》第 76 条规定的范围。[②] 美国强调，国家应当掌握环评决定权、环评启动执行权、拟议活动能否继续展开的决策权、环评后续活动的监测和审查权等权能主权，并且环评本身或国家根据环评结果作出的决定，都不应受任何第三方机构或程序的审查监测[③]；澳大利亚认为，环评程序应由国家执行，或在国家监督指导下，经国家批准执行；[④] 加拿大认为，主权国家应当掌握环评的最终决定权；欧盟及其成员国认为，该 BBNJ 协定不能适用于完全落于国家主权或管辖范围内的海洋保护区等。[⑤]

而在政府间组织、国际非政府组织及相关专家提交的建议中，几乎不涉及对国家主权、主权权利和管辖权事项的建议，这也从侧面反映了实质性内容多出现于主权国家的建议中。

尽管主权国家或国家集团提交的建议中，关于主权、主权权利和管辖权的建议侧重点不同，但都离不开对主权的强调，BBNJ 协定应当维护、保障并不得损害国家主权已经成为各谈判方的共识。

（2）预备委员会主席概述中的"主权共识"

《第二次预备委员会环境影响评价方面可能的共识和需进一步讨论的

---

① "Submission of Jamaica on Access and Benefit—sharing Regime for Marine Genetic Resources in ABNJ" http: //www.un. org/depts/los/biodiversity/prep-com files/rolling-comp/Jamaica on Access and Benefit-sharing.pdf

② "Supplementary Views of the Government of the Federated States of Micronesia on the Elements of a Draft Text of BBNJ Following the Conclusion of Prep Com 2" Dec. 5，2016 http: //www.un. org/ depts/ los/ biodiversity/prep-com files/ rolling-comp/ Federated States of Micronesia.pdf.

③ "United States Mission to the United Nations" Dec.20,2016 http //www. un. org /depts /los /biodiversity/ prepcom files/rolling comp/united stated of America. pdf

④ "Australia Submission for Preparatory Committee on BBNJ", Dec.5,2016 http //www. un. org /depts /los /biodiversity/ prepcom files/ rolling comp/Canada.pdf

⑤ "Written Submission of the EL And its Member Area-Basement Management Tool" Feb.15,2017 http.//www.un.org /depts/los/biodiversity/prepcom-files/EU-Area-Basement Management Tools.pdf

问题的主席谅解》虽然把环评定义、范围、阈值模式、环评执行报告、最终决定权、审查和监测等问题列为"需进一步讨论的问题"，但该谅解以肯定句形式，将"铭记不得损害国家主权""必须尊重国家的领土完整、主权及其主权权利①"定为五大共识之一②，第三次预备委员会主席概述在环评部分中，也明确强调了尊重沿海国的领土完整和主权的重要性，并要求尊重沿海国在其大陆架上的权利。尊重和保障国家主权也就成为环评制度形成进程中的共识。

五、结论

通过分析 BBNJ 环评制度的形成过程，可以发现，国家主权在环评制度形成过程中的作用路径极具典型性，国家主权主要通过环评制度的治理主体、治理目标和规制内容发挥作用。就治理主体而言，主权国家拥有世界上最充足的资源、最强的行为能力和权威，能够掌握现有国家管辖范围外环评制度中的绝大多数决定权，并主导正在进行的 BBNJ 环评议题的谈判进程；而国家主权作为对内最高、对外独立的排他性权力，为各主权国家主导环评制度形成过程提供了最基本的权力界定和行为规范。就治理目标而言，环评制度的目标是实现 BBNJ 的养护和可持续利用，这也是主权国家或国家集团的共同长远利益，而主权国家可通过自主限制或让渡环评决定权、执行权和审查权等部分权能性主权，推动环评规制目标的最终达成。就规制本身而言，国内环评制度的外溢是环评规制内容的发展方向，现有可供参考的国家管辖范围外海洋环评制度多"依托国内环评制度"，并且"保障和维护国家主权"成为 BBNJ 环评制度谈判方的共识，这预示着环评制度未来的发展方向。

---

① Chair's Understanding of Possible Area of Convergence of Views and Possible Issues for Further Discussion Emanating on ELA Sept.9,2016 http.//www.un.org/depts/los/biodiversity/prepcom-files/Prep- Comp-ll-Chair-overview-to- MS.pdf
② 其余 4 条共识是：1. 环境影响评价应有助于养护和可持续利用 BBNJ；2. 根据第 69/292 号决议的规定，不应削弱现有的相关法律文书和框架，特别是《联合国海洋法公约》以及相关的全球性、区域性和部门性机构；3. 环境影响评价过程需要透明度需要国家、利益攸关方的参与以及评估报告的传播；4. 环境评估报告应被广为公开。

　　"主权国家主导"和"依托国内环评制度"是环评等全球海洋治理安排的发展趋势，中国应顺应该趋势，在 BBNJ 协定等全球海洋治理安排的建章立制阶段就参与其中，积极推动相关谈判，掌握主动权，将国家利益诉求寓于治理安排的目标中；同时，加强国内相关立法工作，为中国今后参与 BBNJ 环评及后续全球海洋治理提供国内法依托。要实现环评制度的最终成型，各国必然要在环评启动决定权（阈值）、环评执行权、拟议活动能否继续展开的决策权、环评后续活动的监测和审查权等权能主权的让渡问题上，进行一定权衡和妥协。但中国应强调"维护和保障国家主权"的共识，通过考量本国的国家主权和国家利益情况，权衡对价，做出自主选择，坚定不移地维护国家主权。

附件 1：

69/292. 根据《联合国海洋法公约》的规定就国家管辖范围以外区域海洋生物多样性的养护和可持续利用问题拟订一份具有法律约束力的国际文书

大会，

重申各国国家元首和政府首脑在经大会 2012 年 7 月 27 日第 66/288 号决议认可的 2012 年 6 月 20 至 22 日在巴西里约热内卢举行的联合国可持续发展大会题为"我们希望的未来"的成果文件第 162 段所作承诺，即在研究国家管辖范围以外区域海洋生物多样性的养护和可持续利用有关问题不限成员名额非正式特设工作组工作的基础上，在大会第六十九届会议结束之前抓紧处理国家管辖范围以外区域海洋生物多样性的养护和可持续利用问题，包括就根据《联合国海洋法公约》[1] 的规定拟订一份国际文书的问题作出决定。

注意到大会在其 2014 年 12 月 29 日第 69/245 号决议第 214 段中请不限成员名额非正式特设工作组就根据《公约》的规定拟订一份国际文书的规模、范围和可行性提出建议。

审议了不限成员名额非正式特设工作组的建议。[2]

欢迎不限成员名额非正式特设工作组在 2011 年 12 月 24 日第 66/231 号决议规定的任务范围内并根据 2012 年 12 月 11 日第 67/78 号决议的规定，就根据《公约》的规定拟订一份国际文书的规模、范围和可行性在工作组内交换意见并取得进展，为大会第六十九届会议将要就根据《公约》的规定拟订一份国际文书作出的决定做好筹备工作。强调指出必须通过全面的全球性制度来更好地处理国家管辖范围以外区域海洋生物多样性的养护和可持续利用问题，并审议了根据《公约》的规定拟订一份国际文书的可行性。

1. 决定根据《联合国海洋法公约》的规定就国家管辖范围以外区域海洋生物多样性的养护和可持续利用问题拟订一份具有法律约束力的国际文书，为此：

（a）决定在举行政府间会议之前，设立一个预备委员会，所有联合国会员国、专门机构成员和《公约》缔约方均可参加，并按照联合国惯例邀请其他方面作为观察员参加，以便考虑到共同主席有关研究国家管辖范围以外区域海洋生物多样性的养护和可持续利用有关问题不限成员名额非正式特设工作组工作的各种报告，就根据《公约》的规定拟订一份具有法律约束力的国际文书的案文草案要点向大会提出实质性建议，预备委员会在 2016 年开始工作，并在 2017 年年底以前向大会报告其进展情况；

（b）决定预备委员会在 2016 年和 2017 年举行至少两次会议，每次为期 10 个工作日，配有全面会议服务，同时确认在文件方面，预备委员会所有文件，除其议程、工作方案和报告外，都将作为非正式工作文件；

（c）请秘书长于 2016 年 3 月 28 日至 4 月 8 日以及 8 月 29 日至 9 月 12 日召集预备委员会会议；

（d）决定预备委员会由一名主席主持，该主席由大会主席同会员国协商尽快任命；

（e）决定设立一个主席团，由每个区域组两名成员组成，这 10 名成员应就程序事项协助主席开展工作；

（f）请大会主席邀请各区域组尽快提名主席团候选人；

（g）确认任何根据《公约》的规定就国家管辖范围以外区域海洋生物多样性问题拟订的具有法律约束力的文书都应确保得到尽可能广泛的接受；

（h）为此，决定预备委员会应竭尽一切努力，以协商一致方式就实质性事项达成协议；

（i）确认至关重要的是预备委员会要以有效方式开展工作，根据《公约》的规定拟订一份具有法律约束力的国际文书的案文草案要点，还确认即使在竭尽一切努力后仍未就一些要点达成协商一致，也可将这些要点列入预备委员会向大会提交建议的某一章节之中；

（j）决定除上文（i）分段另有规定外，大会各委员会议事程序的规则和惯例适用于预备委员会的议事程序，就预备委员会会议而言，作为《公约》缔约方的国际组织的参与权应同于《公约》缔约国会议的参与权，本规定对所有大会适用，对 2011 年 5 月 3 日第 65/276 号决议的会议不构成先例；

（k）决定在大会第七十二届会议结束前，并考虑到预备委员会的上述报告，将就在联合国主持下召开一次政府间会议以及会议的开始日期作出决定，以审议预备委员会有关案文要点的建议，并根据《公约》的规定拟订具有法律约束力的国际文书的案文；

2. 又决定通过谈判处理 2011 年商定的一揽子事项所含的专题，即国家管辖范围以外区域海洋生物多样性的养护和可持续利用，特别是作为一个整体的全部海洋遗传资源的养护和可持续利用，包括惠益分享问题，以及包括海洋保护区在内的划区管理工具、环境影响评价和能力建设及海洋技术转让等措施；

3. 确认上文第 1 段所述进程不应损害现有有关法律文书和框架以及相关的全球、区域和部门机构；

4. 又确认参加谈判和谈判结果都不可影响《公约》或任何其他相关协议的非缔约国对于这些文书的法律地位，也不可影响《公约》或任何其他相关协议的缔约国对于这些文书的法律地位；

5. 请秘书长设立一项特别自愿信托基金，用于协助发展中国家，特别是最不发达国家、内陆发展中国家和小岛屿发展中国家出席预备委员会会议和上文 1（a）段所述政府间会议，邀请会员国、国际金融机构、捐助机构、政府间组织、非政府组织以及自然人和法人向该自愿信托基金作出财政捐助；

6. 又请秘书长为便利预备委员会履行职责而提供必要协助包括秘书处服务，以及向这些部门提供必要的背景资料和相关文件，并作出安排由秘书处法律事务厅海洋事务和海洋法司作为秘书处并提供支持。

2015 年 6 月 19 日第 96 次全体会议

附件 2：

第 69/292 号决议所设预备委员会关于根据《联合国海洋法公约》的规定就国家管辖范围以外区域海洋生物多样性的养护和可持续利用问题拟订一份具有法律约束力的国际文书的报告

一、导言

1. 2015 年 6 月 19 日大会第 69/292 号决议决定根据《联合国海洋法公约》（《公约》）的规定就国家管辖范围以外区域海洋生物多样性的养护和可持续利用问题拟订一份具有法律约束力的国际文书。为此，大会决定在举行政府间会议之前，设立一个预备委员会，所有联合国会员国、专门机构成员和《公约》缔约方均可参加，并按照联合国惯例邀请其他组织作为观察员参加。考虑到共同主席有关不限成员名额非正式特设工作组研究国家管辖范围以外区域海洋生物多样性的养护和可持续利用问题相关工作的各种报告，以及就根据《公约》的规定拟订一份具有法律约束力的国际文书的案文草案要点向大会提出实质性建议。[1]

2. 大会还决定预备委员会将在 2016 年开始工作，并在 2017 年底之前向大会报告进展情况。考虑到预备委员会的上述报告，大会将在其第七十二届会议结束之前，就在联合国主持下召开一次政府间会议以及会议的开始日期作出决定，会议目的是审议预备委员会关于要点的建议并根据《公约》的规定拟订具有法律约束力的国际文书案文。

3. 大会确认任何根据《公约》的规定就国家管辖范围以外区域海洋生物多样性问题拟订的具有法律约束力的文书都应确保得到尽可能广泛的接受。并为此决定预备委员会应竭尽一切努力，以协商一致方式就实质性事项达成协议。大会确认，至关重要的是预备委员会要以有效方式开展工作，要根据《公约》的规定拟订一份具有法律约束力的国际文书的案文草案要点，还确认即使在竭尽一切努力后仍未就一些要点达成协商一致，也可将这些要点列入预备委员会向大会提交建议的某一章节之中。

4. 大会决定通过谈判处理 2011 年商定的一揽子事项所含的专题（见第 66/231 号决议），即国家管辖范围以外区域海洋生物多样性的养护和可持续利用问题，特别是共同且作为一个整体处理海洋遗传资源包括惠益分享问题、划区管理工具包括海洋保护区等措施、环境影响评价以及能力建设和海洋技术转让。

5. 大会还确认该进程不应损害现有相关法律文书和框架以及相关的全球、区域和部门机构，参加谈判和谈判结果都不可影响《公约》或任何其他相关协议的非缔约国对于这些文书的法律地位，也不可影响《公约》或任何其他相关协议的缔约国对于这些文书的法律地位。

6. 根据第 69/292 号决议第 6 段，法律事务厅海洋事务和海洋法司作为预备委员会秘书处提供支持。

二、组织事项

A. 预备委员会届会

7. 大会在第 69/292 号决议中决定，预备委员会应在 2016 年和 2017 年举行至少两次会议，每次为期 10 个工作日。根据该决议，秘书长分别于 2016 年 3 月 28 日至 4 月 8 日和 8 月 26 日至 9 月 9 日在联合国总部召开了预备委员会第一届和第二届会议。根据第 71/257 号决议，秘书长分别于 2017 年 3 月 27 日至 4 月 7 日和 7 月 10 日至 21 日，在联合国总部召开了预备委员会第三届会议和第四届会议。

B. 选举主席团成员

8. 大会第六十九届会议主席萨姆·卡汉巴·库泰萨在 2015 年 9 月 4 日给会员国的信中，依照第 1（d）段的规定，任命特立尼达和多巴哥共和国副常驻代表兼该国常驻联合国代表团临时代办伊登·查尔斯担任预备委员会主席。

9. 大会第 69/292 号决议第 1（e）段决定，预备委员会应选举设立一个主席团，由每个区域组两名成员组成，这 10 名成员应就程序事项协助主席开展一般性工作。依照上述规定，预备委员会在第一届会议上选出了由以下成员组成的主席团：Mohammed Atlassi（摩洛哥）、Thembile Elphus Joyini（南非）、马新民（中国）、Kaitaro Nonomura（日本）、

Konrad Marciniak（波兰）、Maxim V. Musikhin（俄罗斯联邦）、Javier Gorostegui Obanoz（智利）、Gina Guillén-Grillo（哥斯达黎加）、Antoine Misonne（比利时）和 Giles Norman（加拿大）。

10. 在其第二届会议上，预备委员会选出 Jun Hasebe（日本）和 Catherine Boucher（加拿大）为主席团成员，取代已从主席团成员职位上辞任的 Kaitaro Nonomura 和 Giles Norman。鉴于亚洲－太平洋集团达成了分享主席团成员职位的协议，预备委员会还选出 Margo Deiye（瑙鲁）从 2016 年 10 月 28 日起担任主席团的成员。

11. 大会第七十一届会议主席彼得·汤姆森在 2017 年 1 月 24 日致函通知各成员国，伊登·查尔斯表示他不能再担任预备委员会主席。他还指出，在与会员国协商后，他已根据第 69/292 号决议第 1（d）段的规定，指定巴西常驻联合国副代表卡洛斯·塞尔吉奥·索布拉尔·杜阿尔特先生担任预备委员会主席。

12. 在第三届会议上，根据第 69/292 号决议第 1（e）段的规定，考虑到拉丁美洲和加勒比国家集团已经达成的协议，预备委员会选举 Pablo Adrián Arrocha Olabuenaga（墨西哥）和 José Luis Fernandez Valoni（阿根廷）担任主席团成员，取代 Javier Gorostegui Obanoz 和 Gina Guillén-Grillo。考虑到马来西亚作为亚洲－太平洋集团主席提供的资料，根据该集团达成的协议，预备委员会还选出 Jun Hasebe（日本）从 2017 年 5 月 28 日起担任主席团成员，取代 2017 年 5 月 27 日从主席团辞任的马新民。

C. 文件

13. 大会第 69/292 号决议确认在文件方面，预备委员会所有文件，除其议程、工作方案和报告外，都将作为非正式工作文件。预备委员会各届会议的正式文件清单附于本报告之后。

14. 此外，为了协助各项进程运行，主席依其职责编写了若干非正式文件（见第 21、26 和 32 段），包括主席关于第一、二、三届会议的概述以及关于国家管辖范围以外区域海洋生物多样性的养护和可持续利用问题具有法律约束力的国际文书案文草案要点的精简非正式文件。

15. 应主席邀请，各代表团还就案文草案要点提出了意见，可在海洋事务和海洋法司网站上查阅这些意见。

D. 预备委员会届会程序

16. 大会第 69/292 号决议第 1（i）段确认，至关重要的是预备委员会要以有效方式开展工作，根据《公约》的规定拟订一份具有法律约束力的国际文书的案文草案要点，还确认即使在竭尽一切努力后仍未就一些要点达成协商一致，也可将这些要点列入预备委员会向大会提交建议的某一章节之中。大会在该决议中决定，除了上述第 1（i）段的规定外，大会各委员会议事程序的规则和惯例适用于预备委员会的议事程序，对于预备委员会会议而言，作为《公约》缔约方的国际组织的参与权应等同于其对《公约》缔约国会议的参与权，并且，该规定对所有适用大会 2011 年 5 月 3 日第 65/276 号决议的会议不构成先例。

a. 第一届会议

17. 在 2016 年 3 月 28 日预备委员会 1 次会议上，主管法律事务副秘书长兼联合国法律顾问作了发言。预备委员会通过了 A/AC.287/2016/PC.1/L.1 号文件所载届会议程，并同意按照 A/AC.287/2016/PC.1/L.2 号文件所载暂定工作方案开展工作。

18. 预备委员会第一届会议举行了 15 次全体会议。来自 99 个联合国会员国、2 个非会员国、联合国 5 个方案、基金和办事处、联合国系统 4 个专门机构和有关组织、8 个政府间组织和 17 个非政府组织的代表出席了会议。

19. 预备委员会在其全体会议上听取了一般性发言并审议了下列问题：一项具有法律约束力的国际文书的范围及其与其他文书的关系；具有法律约束力的国际文书的指导方针和原则；海洋遗传资源，包括惠益分享问题；划区管理工具包括海洋保护区等措施；环境影响评价；能力建设和海洋技术转让问题。全体会议还讨论并核准了第二届会议的路线图。

20. 还召开了非正式工作组会议，由以下各位主持：卡洛斯·杜阿尔特（巴西）主持海洋遗传资源包括惠益分享问题非正式工作组；John Adank（新西兰）主持划区管理工具包括海洋保护区等措施非正式工作组；René Lefeber（荷兰）主持环境影响评价非正式工作组；Rena Lee（新加坡）主持能力建设和海洋技术转让问题非正式工作组。

21. 第一届会议之后，根据全体会议讨论并核准的路线图，主席编写了一份届会概况。主席还编写了关于事项和问题群组的指示性建议，以协助各非正式工作组在预备委员会第二届会议上进一步讨论。

b. 第二届会议

22. 在 2016 年 8 月 26 日预备委员会第 16 次会议上，主管法律事务助理秘书长作了发言。预备委员会通过了 A/AC.287/2016/PC.2/L.1 号文件所载议程，并同意按照 A/AC.287/2016/PC.2/L.2 号文件所载暂定工作方案开展工作。

23. 预备委员会第二届会议举行了 13 次全体会议。来自 116 个联合国会员国、3 个非会员国、联合国 6 个方案、基金和办事处、联合国系统 5 个专门机构和有关组织、9 个政府间组织和 22 个非政府组织的代表出席了会议。

24. 预备委员会在其全体会议上审议了下列问题：海洋遗传资源，包括惠益分享问题；划区管理工具包括海洋保护区等措施；环境影响评价；能力建设和海洋技术转让；跨领域的问题。全体会议还讨论并核准了第三届会议的路线图。

25. 还召开了非正式工作组会议，由以下各位主持：伊登·查尔斯（特立尼达和多巴哥），主持海洋遗传资源包括惠益分享问题非正式工作组；John Adank（新西兰），主持划区管理工具包括海洋保护区等措施非正式工作组；René Lefeber（荷兰），主持环境影响评价非正式工作组；Rena Lee（新加坡），主持能力建设和海洋技术转让问题非正式工作组；预备委员会主席伊登·查尔斯（特立尼达和多巴哥），主持跨领域的问题非正式工作组。

26. 第二届会议之后，根据全体会议讨论并核准的路线图，主席编写了一份届会概况；主席还根据《联合国海洋法公约》的规定拟订一份具有法律约束力的国际文书案文草案要点并编写了主席的非正式文件和该文件的补充。

c. 第三届会议

27. 在 2017 年 3 月 27 日预备委员会第 29 次会议上，主管法律事务副秘书长兼联合国法律顾问作了发言。预备委员会通过了 A/AC.287/2017/PC.3/L.1 号文件所载议程，并同意按照 A/AC.287/2017/PC.3/L.2 号文件所载暂定工作方案开展工作。

28. 预备委员会第三届会议举行了 9 次全体会议。来自 147 个联合国会员国、2 个非会员国、联合国 5 个方案、基金和办事处、联合国系统 4 个专门机构和有关组织、14 个政府间组织和 19 个非政府组织的代表出席了会议。

29. 海洋环境状况包括社会经济方面问题全球报告和评估经常程序特设全体工作组在项目"其他事项"下介绍了国家管辖范围以外区域海洋生物多样性的养护和可持续利用问题第一次全球综合海洋评估的技术摘要未经编辑的预发案文。大会第七十一届会议主席彼得·汤姆森还在该项目下向预备委员会致词。

30. 预备委员会在其全体会议上审议了下列问题：海洋遗传资源，包括惠益分享问题；划区管理工具包括海洋保护区等措施；环境影响评价；能力建设和海洋技术转让；跨领域的问题。全体会议还讨论并核准了第四届会议的路线图。

31. 还召开了非正式工作组会议，由以下各位主持：Janine Elizabeth Coye-Felson（伯利兹）主持海洋遗传资源包括惠益分享问题非正式工作组；Alice Revell（新西兰）主持划区管理工具包括海洋保护区等措施非正式工作组；René Lefeber（荷兰）主持环境影响评价非正式工作组；Rena Lee（新加坡）主持能力建设和海洋技术转让问题非正式工作组；预备委员会主席卡洛斯·杜阿尔特（巴西）主持跨领域的问题非正式工作组。

32. 第三届会议之后，根据全体会议讨论并核准的路线图，主席编写了一份届会概况。主席还编写了指示性建议，以协助预备委员会就根据《联合国海洋法公约》拟订一份具有法律约束力的国际文书案文草案要点编写向大会提出的建议以及关于该案文草案要点的精简非正式文件。

d. 第四届会议

33. 在 2017 年 7 月 10 日预备委员会第 38 次会议上，主管法律事务副秘书长兼联合国法律顾问作了发言。预备委员会通过了 A/AC.287/2017/PC.4/L.1 号文件所载临时议程，并同意按照 A/AC.287/2017/PC.4/L.2 号文件所载暂定工作方案开展工作。

34. 预备委员会第四届会议举行了 10 次全体会议。来自 131 个联合国会员国、2 个非会员国、联合国 2 个方案、基金和办事处、联合国系统 9 个专门机构和有关组织、10 个政府间组织和 23 个非政府组织的代表出席了会议。

35. 预备委员会在其全体会议上听取了一般性发言并审议了根据《联合国海洋法公约》的规定拟订的一份具有法律约束力的国际文书的案文草案要点编写的实质性建议的问题（见下文第 38 段）。全体会议还审议了预备委员会的报告（见下文第 40 段）。

36. 第一周还召开了非正式工作组会议，由以下各位主持：Janine Elizabeth Coye-Felson（伯利兹）主持海洋遗传资源包括惠益分享问题非正式工作组；Alice Revell（新西兰）主持划区管理工具包括海洋保护区等措施非正式工作组；René Lefeber（荷兰）主持环境影响评价非正式工作组；Rena Lee（新加坡）主持能力建设和海洋技术转让问题非正式工作组；预备委员会主席卡洛斯·杜阿尔特（巴西）主持跨领域的问题非正式工作组。

37. 在第二周的全体会议期间，许多代表团提议在 2018 年召开一次政府间会议，并将提议纳入向大会提出的实质性建议。一些代表团还提议，会议应在 2018 年和 2019 年期间至少举行四轮谈判，每轮为期两周，提供全套会议服务。一些代表团建议，会议应比照适用大会议事规则。其他代表团强调指出，是否召开一次政府间会议以及会议的时间和方式问题应留给大会决定，预备委员会的实质性建议不应包含这方面的任何提议，以避免预先限定大会的讨论。一个代表团认为，在举行政府间会议之前，预备委员会可能需要召开更多届会。

三、预备委员会的建议

38. 在 2017 年 7 月 21 日第 47 次会议上，预备委员会以协商一致方式通过了以下建议。

预备委员会按照大会 2015 年 6 月 19 日第 69/292 号决议举行会议，建议大会：

（a）审议下文 A 节和 B 节所载要点，以期根据《联合国海洋法公约》的规定就国家管辖范围以外区域海洋生物多样性的养护和可持续利用问题拟订一份具有法律约束力的国际文书。A 节和 B 节的内容并非已形成的共识。A 节包含多数代表团意见一致的非排他性要点。B 节重点突出存在意见分歧的一些主要问题。A 节和 B 节仅供参考之用，因为它们并不反映讨论过的所有选项。这两节均不妨碍各国在谈判中的立场。

（b）大会应尽快作出决定，是否在联合国主持下召开一次政府间会议，以审议预备委员会关于要点的建议并根据《公约》的规定拟订具有法律约束力的国际文书案文。

A 节

一 序言要点

案文将阐明广泛的背景事项，例如：

- 说明拟订该文书所出于的各种考虑因素，包括主要关切和问题；
- 确认在国家管辖范围以外区域海洋生物多样性的养护和可持续利用方面，《公约》发挥的核心作用以及现行其他相关法律文书和框架以及相关全球、区域和部门机构的作用；
- 确认需要增进合作和协调，以促进国家管辖范围以外区域海洋生物多样性的养护和可持续利用；
- 确认需要提供援助，使发展中国家，特别是处于不利地理位置的国家、最不发达国家、内陆发展中国家和小岛屿发展中国家以及非洲沿海国能够有效参与国家管辖范围以外区域海洋生物多样性的养护和可持续利用；
- 确认需要一个全面的全球制度，以更好地处理国家管辖范围以外区域海洋生物多样性的养护和可持续利用问题；
- 表示坚信一项执行《公约》有关规定的协议最符合这些目的，并有助于维护国际和平与安全；
- 申明《公约》、其执行协议或本文书未予规定的问题，仍由一般国际法规则和原则加以规范。

二 一般性要点

用语

案文将提供关键用语的定义，同时注意需要与《公约》及其他相关法律文书和框架中的用语定义保持一致。

1 适用范围

1.1 地理范围

案文将说明，本文书适用于国家管辖范围以外的区域。

案文将指出，应尊重沿海国对其国家管辖范围内的所有区域，包括对

200 海里以内和以外的大陆架和专属经济区的权利和管辖权。

1.2 属事范围

案文将处理国家管辖范围以外区域海洋生物多样性的养护和可持续利用问题，特别是一并作为一个整体处理海洋遗传资源包括惠益分享问题、划区管理工具包括海洋保护区等措施、环境影响评价以及能力建设和海洋技术转让问题。案文可以规定不在本文书适用范围内的除外事项，并在处理主权豁免相关问题上与《公约》保持一致。

2. 目标

案文将规定，本文书的目的是通过有效执行《公约》，确保国家管辖范围以外区域海洋生物多样性的养护和可持续利用。

如经商定，案文还可以规定其他目标，例如推进国际合作与协调，以确保实现养护和可持续利用国家管辖范围以外区域海洋生物多样性的总体目标。

3. 与《公约》以及其他文书、框架和相关全球、区域和部门机构的关系

关于与《公约》的关系，案文将指出，文书中的任何内容都不应妨害《公约》规定的各国的权利、管辖权和义务。案文将进一步指出，本文书应参照《公约》的内容并以符合《公约》的方式予以解释和适用。

案文将指出，本文书将促进与现有相关法律文书和框架以及相关全球、区域和部门机构的协调一致性，并对其做出补充。案文还将指出，该文书的解释和适用不应损害现有的文书、框架和机构。

案文可确认，《公约》或任何其他相关协定的非缔约方相对于这些文书的法律地位不受影响。

三 国家管辖范围以外区域海洋生物多样性的养护和可持续利用

1. 一般原则和方法

案文将规定国家管辖范围以外区域海洋生物多样性的养护和可持续利用的一般原则和指导方法。

可能的一般原则和方法包括：

• 尊重《公约》所载之权利、义务和利益的平衡；

• 兼顾《公约》有关条款所适当顾及的事项；

• 尊重沿海国对其国家管辖范围内所有区域，包括对 200 海里以

内和以外的大陆架和专属经济区的权利和管辖权；

- 尊重各国主权和领土完整；
- 只为和平目的利用国家管辖范围以外区域的海洋生物多样性；
- 促进国家管辖范围以外区域海洋生物多样性的养护和可持续利用两方面；
- 可持续发展；
- 在所有各级开展国际合作与协调，包括南北、南南和三方合作；
- 相关利益攸关方的参与；
- 生态系统方法；
- 风险预防办法；
- 统筹办法；
- 基于科学的办法，利用现有的最佳科学资料和知识，包括传统知识；
- 适应性管理；
- 建设应对气候变化影响的能力；
- 符合《公约》不将一种污染转变成另一种污染的义务；
- "谁污染谁付费"原则；
- 公众参与；
- 透明度和信息的可取得性；
- 小岛屿发展中国家和最不发达国家的特别需要，包括避免直接或间接地将过度的养护行动负担转嫁给发展中国家；
- 善意。

2. 国际合作

案文将规定各国有义务合作，以养护和可持续利用国家管辖范围以外区域的海洋生物多样性，并将详细规定这种义务的内容和方式。

3. 海洋遗传资源，包括惠益分享问题

3.1 范围

案文将规定本文书这个章节在地域和属事方面的适用范围。

3.2 获取和惠益分享

3.2.1 获取

案文将述及获取问题。

3.2.2 惠益分享

目标

案文将规定，惠益分享的目标是：

- 促进国家管辖范围以外区域海洋生物多样性的养护和可持续利用；
- 建设发展中国家获取和利用国家管辖范围以外区域海洋遗传资源的能力。

案文还可列明商定的其他目标。

惠益分享的指导原则和方法

案文将规定惠益分享的指导原则和方法，例如：

- 惠及当代后世；
- 促进海洋科学研究海洋遗传资源和开发。

惠益

案文将规定可以分享的惠益类型。

惠益分享模式

案文将规定惠益分享模式，同时考虑到现有的文书和框架，例如它可以作出安排，建立一个有关惠益分享的信息交换机制。

3.2.3 知识产权

案文可规定本文书与知识产权之间的关系。

3.3 监测国家管辖范围以外区域海洋遗传资源的利用

案文将处理监测国家管辖范围以外区域海洋遗传资源的利用。

4. 划区管理工具包括海洋保护区等措施

4.1 划区管理工具包括海洋保护区的目标

案文将规定划区管理工具包括海洋保护区在养护和可持续利用国家管辖范围以外区域海洋生物多样性方面的目标。

4.2 与相关文书、框架和机构所规定措施的关系

案文将规定本文书项下措施与现有的相关法律文书和框架以及相关全球、区域和部门机构所定措施之间的关系，目的是促成各种努力之间的一致性和协调性。案文将申明，就划区管理工具包括海洋保护区而言，必须加强相关法律文书和框架以及相关全球、区域和部门机构之间的合作与协调，不妨碍其各自任务。

案文还将处理该文书规定的措施与毗邻沿海国所制定措施之间的关系问题，包括兼容性问题，不得妨碍沿海国的权利。

4.3 划区管理工具包括海洋保护区的有关程序

考虑到各种类型的划区管理工具，包括海洋保护区，案文会根据将要拟订的方法，规定划区管理工具包括海洋保护区的相关程序以及有关作用和职责。

4.3.1 确定区域

案文将规定，需要保护区域的确定程序将以现有的最佳科学资料、标准和准则为依据，包括：

- 独特性？ 稀有性；
- 对物种的生命史各阶段特别重要；
- 对受威胁物种、濒危物种或数量不断减少的物种和（或）生境的重要性；
- 脆弱性；
- 脆性；
- 敏感性；
- 生物生产力；
- 生物多样性；
- 代表性？ 依赖性；
- 自然度？ 连通性；
- 生态过程；
- 经济和社会因素。

4.3.2 指定程序

提案

案文将包含关于划区管理工具包括海洋保护区有关提案的条款。

在审议海洋保护区和其他有关的划区管理工具时，提案要点应包括：

- 地理／空间说明；
- 威胁／脆弱性和价值；
- 与识别标准有关的生态因素；
- 与区域识别标准和准则有关的科学数据；
- 养护和可持续利用目标；

- 相关全球、区域和部门机构的作用；
- 区域内或毗邻区域的现有措施；
- 区域内具体的人类活动；
- 社会－经济考虑因素；
- 管理计划草案；
- 监测、研究和审查计划。

就提案进行协商和评估

案文将规定一个就提案与相关全球、区域和部门机构、包括毗邻沿海国在内的所有国家以及其他相关利益攸关方包括科学家、业界、民间社会、传统知识拥有者和地方社区进行协调和磋商的程序。

案文还将规定对提案进行科学评估的导则。

决策

案文将规定如何就划区管理工具包括海洋保护区的有关事项作出决策，包括决策人和决策依据。

案文将处理拟议划区管理工具包括海洋保护区所涉区域的毗邻沿海国的参与问题。

4.4 执行

案文将规定本文书的缔约方对于特定区域相关措施的职责。

4.5 监测和审查

案文将规定评估划区管理工具包括海洋保护区有效性以及之后采取后续行动的条款，同时注意有必要采取适应性办法。

5. 环境影响评价

5.1 进行环境影响评价的义务

根据《公约》第二百零六条和习惯国际法，案文将规定各国有义务评估在其管辖或控制下计划开展的活动对国家管辖范围以外区域的潜在影响。

5.2 与相关文书、框架和机构的环境影响评价程序的关系

案文将规定本文书项下环境影响评价与相关法律文书和框架以及相关全球、区域和部门机构的环境影响评价程序之间的关系。

5.3 需要进行环境影响评价的活动

案文将讨论对国家管辖范围以外区域进行环境影响评价的阈值和标准。

5.4 环境影响评价程序

案文将处理环境影响评价程序的流程步骤，例如：

- 筛查；
- 确定范围；
- 采用现有的最佳科学资料，包括传统知识，对影响进行预测和评价；
- 公告和协商；
- 发布报告和向公众提供报告；
- 审议报告；
- 发布决策文件；
- 获取资料；
- 监测和审查。

案文将处理环境影响评价之后的决策问题，包括一项活动是否以及在什么条件下继续开展。

案文将处理毗邻沿海国的参与问题。

5.5 环境影响评价报告的内容

案文将说明环境影响评价报告应包含的内容，例如：

- 说明计划开展的活动；
- 说明可以替代计划活动的其他选择，包括非行动性选择；
- 说明范围研究的结果；
- 说明计划活动对海洋环境的潜在影响，包括累积影响和任何跨边界的影响；
- 说明可能造成的环境影响；
- 说明任何社会经济影响；
- 说明避免、防止和减轻影响的措施；
- 说明任何后续行动，包括监测和管理方案；
- 不确定性和知识缺口；
- 一份非技术摘要。

5.6 监测、报告和审查

案文将根据并遵循《公约》第二百零四至二百零六条规定相关义务，以确保对国家管辖范围以外区域授权开展的活动造成的影响进行监测、报告和审查。

案文将处理向毗邻沿海国提供信息的问题。

5.7 环境战略评估

案文可处理战略性环境评估问题。

6. 能力建设和海洋技术转让

6.1 能力建设和海洋技术转让的目标

案文将述及能力建设和海洋技术转让的目标，依照《公约》第二百六十六条第2款，通过发展和加强可能有需要和要求的国家、特别是发展中国家的能力，协助其履行该文书规定的权利和义务，从而支持实现国家管辖范围以外区域海洋生物多样性的养护和可持续利用。

案文应当承认发展中国家，特别是最不发达国家、内陆发展中国家、地理不利国和小岛屿发展中国家以及非洲沿海国家在该文书项下的特殊要求。

6.2 能力建设和海洋技术转让的类别和模式

在现有文书，例如《公约》和 政府间海洋学委员会的《海洋技术转让标准和准则》的基础上，案文可以包括一份在稍后阶段制订的指示性不完全清单，列出能力建设和海洋技术转让的大类类型，例如：

- 科学和技术援助，包括有关海洋科学研究的援助，例如通过联合研究合作方案提供援助；
- 教育和人力资源培训，包括采取讲习班和讨论会方式；
- 数据和专门知识。

案文还将提供能力建设和海洋技术转让的各种模式，包括可能采取这些模式：

- 由国家主导并能顺应定期评估的需求和优先事项；
- 发展和加强人的能力和机构能力；
- 长期且可持续；
- 按照《公约》第十三和十四部分，发展各国的海洋科学和技术能力。

案文将详细规定与海洋遗传资源包括惠益分享问题、划区管理工具包括海洋保护区等措施以及环境影响评价有关的合作和援助形式。

案文将作出安排，建立一个信息交换机制，以履行能力建设和海洋技术转让职能，同时考虑到其他组织的工作。

6.3 供资

考虑到现有机制，案文将处理资金和资源提供问题。还可以处理有关资金和资源的持续性、可预测性和可获取性问题。

6.4 监测和审查

案文将处理对能力建设和海洋技术转让活动有效性的监测和审查问题，以及可能采取的后续行动。

四、体制安排

案文将规定体制安排，同时考虑到是否有可能利用现有的机构、制度和机制。

可能的体制安排可以包括以下各项。

1. 决策机构／论坛

案文将规定一种用于决策的体制框架及其可以履行的职能。

决策机构／论坛在支持文书执行方面可能履行的职能包括：

通过议事规则；

审查文书的执行工作；

有关文书执行的信息交流；

促进为养护和可持续利用国家管辖范围以外区域海洋生物多样性所作的各种努力协调一致；

促进合作与协调，包括与相关全球、区域和部门机构进行合作与协调，以养护和可持续利用国家管辖范围以外区域的海洋生物多样性；

就文书的执行进行决策并提出建议；

为履行职能，设立必要的附属机构；

文书中确定的其他职能。

2. 科学／技术机构

案文将规定科学咨询／信息方面的体制框架。

案文还将规定该体制框架将履行的职能，例如向文书列明的决策机构／论坛提供咨询意见以及履行决策机构／论坛确定的其他职能。

3. 秘书处

案文将规定一个履行如下秘书处职能的体制框架：

提供行政和后勤支持；

应缔约国要求，报告与文书执行有关的事项以及与国家管辖范围以外区域海洋生物多样性的养护和可持续利用有关的事态发展；

为决策机构／论坛及其可能设立的任何其他机构举办会议并提供会议服务；

散发有关文书执行的信息；

确保与其他有关国际机构的秘书处进行必要协调；

按照决策机构／论坛授予的任务，协助执行本文书；

履行文书明确规定的其他秘书处职能以及决策机构／论坛可能确定的其他职能。

五　信息交换机制

案文将规定就国家管辖范围以外区域海洋生物多样性的养护和可持续利用促进相关信息交流的模式，以确保执行文书。

案文将就数据储存库或信息交换机制等各种机制作出安排。

信息交换机制可能发挥的功能包括：

传播国家管辖范围以外区域海洋遗传资源有关研究所产生的资料、数据和知识，以及有关海洋遗传资源的其他相关资料；

传播与划区管理工具包括海洋保护区有关的资料，例如科学数据、后续报告和主管机构作出的相关决定；

传播关于环境影响评价的资料，例如提供一个文献中心，存储环境影响评价报告、传统知识、最佳环境管理做法和累积影响资料；

传播能力建设和海洋技术转让相关信息，包括促进技术和科学合作的相关信息，关于研究方案、项目和举措的信息，关于能力建设和海洋技术转让有关需求和机会的信息，关于供资机会的信息。

六　财政资源和财务事项

案文将处理与文书运作有关的财务事项。

七　遵守

案文将处理遵守文书方面的事项。

八　争端解决

在《联合国宪章》和《公约》的争端解决条款等现有规则基础上，案文将规定以和平方式解决争端的义务以及合作避免争端的必要性。

案文还将规定涉及文书解释或适用的争端解决模式。

九、职责和责任

案文将处理与职责和责任有关的事项。

十、审查

案文将规定定期审查文书在实现其目标方面的有效性。

十一、最后条款

案文将列明文书的最后条款。

为实现普遍参与，该文书将在这方面与《公约》的有关条款（包括涉及国际组织的条款）保持一致。案文将解决本文书如何不妨害各国就陆地和海上争端所持立场的问题。

B 节

在人类共同财产和公海自由方面，还需要进一步讨论。

在海洋遗传资源包括分享惠益问题上，需要进一步讨论文书是否应当对海洋遗传资源的获取进行规制、这些资源的性质、应当分享何种惠益、是否处理知识产权问题、是否规定对国家管辖范围以外区域海洋遗传资源的利用进行监测。在划区管理工具包括海洋保护区等措施方面，还需要进一步讨论最适当的决策和体制安排，以期增进合作与协调，同时避免损害现行法律文书和框架以及区域机构和（或）部门机构的授权职能。

在环境影响评价方面，还需要进一步讨论该进程由各国开展或者"国际化" 的程度问题，以及文书是否应当处理战略性环境影响评价问题。

在能力建设和海洋技术转让方面，需要进一步讨论海洋技术转让的条款和条件。需要进一步讨论体制安排以及国际文书建立的制度与相关全球、区域和部门机构之间的关系。还需要进一步关注的一个相关问题是如何处理监测、审查及遵守文书事项。

关于供资，需要进一步讨论所需资金的规模和是否应当设立一个财政机制问题。

还需要进一步讨论争端解决以及职责和责任问题。

四、其他事项

39. 大会在第 69/292 号决议第 5 段中请秘书长设立一项特别自愿信托基金，用于协助发展中国家，特别是最不发达国家、内陆发展中国家和小岛屿发展中国家出席预备委员会会议和政府间会议，邀请会员国、国际金融机构、捐助机构、政府间组织、非政府组织以及自然人和法人向该自愿信托基金作出财政捐助。秘书处在预备委员会各届会议上通报信托基金的现况。以下各国已向自愿信托基金作出捐助：爱沙尼亚、芬兰、爱尔兰、荷兰和新西兰。

五、通过预备委员会的报告

40. 2017 年 7 月 20 日，在第 46 次会议上，主席介绍了预备委员会的报告草稿。

41. 2017 年 7 月 21 日，在第 47 次会议上，欧洲联盟及其成员国要求该报告指出，欧洲联盟及其成员国认为建议的 A 节第二.4 部分第 3 段并不是多数代表团已形成一致意见的一个要点。

42. 在同一次会议上，预备委员会通过了经修正的报告草稿。

附件 3：

72/249. 根据《联合国海洋法公约》的规定就国家管辖范围以外区域海洋生物多样性的养护和可持续利用问题拟订一份具有法律约束力的国际文书

大会，

遵循《联合国宪章》所载宗旨和原则，回顾其 2015 年 6 月 19 日第 69/292 号决议，注意到大会第 69/292 号决议所设预备委员会题为"根据《联合国海洋法公约》的规定就国家管辖范围以外区域海洋生物多样性的养护和可持续利用问题拟订一份具有法律约束力的国际文书"的报告。①

1. 决定在联合国主持下召开一次政府间会议，审议预备委员会关于案文内容的建议，并为根据《联合国海洋法公约》② 的规定就国家管辖范围以外区域海洋生物多样性的养护和可持续利用问题拟订一份具有法律约束力的国际文书拟订案文，以尽早制定该文书；

2. 又决定谈判应处理 2011 年商定的一揽子事项中确定的专题，即国家管辖范围以外区域海洋生物多样性的养护和可持续利用，特别是作为一个整体的全部海洋遗传资源的养护和可持续利用，包括惠益分享问题，以及包括海洋保护区在内的划区管理工具、环境影响评价和能力建设及海洋技术转让等措施；

3. 又决定，最初在 2018 年、2019 年和 2020 年上半年召开四届会议，每次会期为 10 个工作日，第一届会议在 2018 年下半年举行，第二和第三届会议将于 2019 年举行，第四届会议将在 2020 年上半年举行，并请秘书长在 2018 年 9 月 4 日至 17 日召开第一届会议；

---

① A/AC.287/2017/PC.4/2。

② 联合国，《条约汇编》，第 1833 卷，第 31363 号。

4. 决定会议应于 2018 年 4 月 16 日至 18 日在纽约举行为期三天的组织会议，讨论组织事项，包括文书草案的起草过程；

5. 请大会主席以公开透明方式，就会议候任主席或候任共同主席的提名进行磋商；

6. 重申会议的工作和成果应完全符合《联合国海洋法公约》的规定；

7. 认识到这一进程及其结果不应损害现有有关法律文书和框架以及相关的全球、区域和部门机构；

8. 决定会议应向联合国所有会员国、专门机构成员和《公约》缔约方开放；

9. 强调指出必须确保尽可能广泛和有效地参加会议；

10. 认识到参加谈判和谈判结果都不可影响《公约》或任何其他相关协议的非缔约国在涉及这些文书方面的法律地位，也不可影响《公约》或任何其他相关协议的缔约国在涉及这些文书方面的法律地位；

11. 决定，就该会议的各次会议而言，已加入《公约》的国际组织的参与权应与《公约》缔约国会议的参与权相同，本规定对所有适用大会 2011 年 5 月 3 日第 65/276 号决议的会议不构成先例；

12. 又决定邀请已收到大会根据其有关决议发出的长期邀请的组织和其他实体的代表，以观察员身份参加其会议和工作，但前提是这些代表将以这一身份参加会议，并邀请获邀参加相关主要会议和首脑会议的有关全球和区域政府间组织及其他有关国际机构的代表以会议观察员身份参加会议；①

13. 还决定按照经济及社会理事会 1996 年 7 月 25 日第 1996/31 号决议的规定，会议也向具有经济及社会理事会咨商地位的有关非政府组织

---

① 应邀参加下列有关主要会议和首脑会议的政府间组织和其他国际机构：可持续发展问题世界首脑会议；联合国可持续发展大会和之前在巴巴多斯、毛里求斯和萨摩亚举行的小岛屿发展中国家可持续发展问题联合国会议；联合国跨界鱼类种群和高度洄游鱼类种群会议；执行 1982 年 12 月 10 日联合国海洋法公约有关养护和管理跨界鱼类种群和高度洄游鱼类种群的规定的协定审查会议；联合国支持落实可持续发展目标 14 即保护和可持续利用海洋和海洋资源以促进可持续发展会议。

并向已获得认可参加各次主要会议和首脑会议的有关非政府组织开放,^①
它们可作为观察员出席会议,但有一项谅解,即除非会议在具体情况下
另有决定,参与意味着出席正式会议,获得正式文件副本,将它们的材
料提供给代表,及酌情让它们当中数量有限的代表在会上发言;

14. 决定邀请区域委员会准成员 5 以观察员身份参与会议的工作;

15. 又决定邀请联合国系统有关专门机构以及其他机构、组织、基金
和方案的代表作为观察员出席;

16. 还决定向会议转递预备委员会的报告;

17. 决定会议应秉诚并尽一切努力,以协商一致方式商定实质性事项;

18. 又决定,除本决议第 17 和 19 段的规定外,除非会议另有协议,
有关大会程序和惯例的规则应适用于该会议的程序;

19. 还决定,在不违反第 17 段的情况下,会议关于实质性事项的决
定应以出席并参加表决的代表的三分之二多数作出,在此之前,主持人
应通知会议,以为通过协商一致方式达成协议竭尽一切努力;

20. 回顾大会邀请会员国、国际金融机构、捐助机构、政府间组织、
非政府组织和自然人和法人向第 69/292 号决议所设自愿信托基金提供捐
款,并授权秘书长扩大该信托基金提供的援助,以便除支付经济舱旅费
外还包括每日生活津贴,但每届会议向该信托基金提出的援助申请仅限
每个国家一位代表;

21. 请秘书长任命一位会议秘书长作为秘书处内部协调人,为会议组
织工作提供支持;

22. 又请秘书长向会议提供开展工作所需的协助,包括提供秘书处服
务和必要的背景资料和相关文件,并安排由秘书处法律事务厅海洋事务
和海洋法司提供支持;

23. 决定继续处理此案。

2017 年 12 月 24 日第 76 次全体会议

---

① 已获得认可参加下列有关主要会议和首脑会议的非政府组织:可持续发
展问题世界首脑会议;联合国可持续发展大会和之前在巴巴多斯、毛里求斯和萨
摩亚举行的小岛屿发展中国家可持续发展问题联合国会议;联合国支持落实可持
续发展目标 14 即保护和可持续利用海洋和海洋资源以促进可持续发展会议。